重点地区水土资源优化利用技术与制度建设

俞昊良　杨培岭　廖人宽　著

中国水利水电出版社
www.waterpub.com.cn
·北京·

内 容 提 要

本书以国家实施质量兴农战略的重点区域——河套灌区为研究对象，针对该区域盐碱地水土资源优化利用问题，在技术层面系统研究分析了运用脱硫副产物改良碱化土壤后，土壤理化性质的年内年际变化，作物产量变化，土壤团聚体、粒径分布、孔隙结构（二维、三维）等土壤结构参数变化特征与规律，建立了基于土壤结构的土壤质量评价方式，形成了改良技术实施方法；在政策层面提出了推动盐碱地改良及优化利用的重点举措和制度建设展望。

本书可供土地资源利用、农田水利、水资源管理相关专业师生和行政管理人员参考使用。

图书在版编目（CIP）数据

重点地区水土资源优化利用技术与制度建设 ／ 俞昊良，杨培岭，廖人宽著. -- 北京 ：中国水利水电出版社，2023.10
  ISBN 978-7-5226-1882-1

Ⅰ．①重… Ⅱ．①俞… ②杨… ③廖… Ⅲ．①河套—灌区—盐碱土改良—研究 Ⅳ．①S156.4

中国国家版本馆CIP数据核字(2023)第204288号

书　　名	**重点地区水土资源优化利用技术与制度建设** ZHONGDIAN DIQU SHUITU ZIYUAN YOUHUA LIYONG JISHU YU ZHIDU JIANSHE
作　　者	俞昊良　杨培岭　廖人宽　著
出版发行	中国水利水电出版社 （北京市海淀区玉渊潭南路 1 号 D 座　100038） 网址：www. waterpub. com. cn E - mail：sales@mwr. gov. cn 电话：（010）68545888（营销中心）
经　　售	北京科水图书销售有限公司 电话：（010）68545874、63202643 全国各地新华书店和相关出版物销售网点
排　　版	中国水利水电出版社微机排版中心
印　　刷	北京印匠彩色印刷有限公司
规　　格	184mm×260mm　16 开本　9 印张　202 千字　2 插页
版　　次	2023 年 10 月第 1 版　2023 年 10 月第 1 次印刷
印　　数	0001—1000 册
定　　价	**78.00** 元

凡购买我社图书，如有缺页、倒页、脱页的，本社营销中心负责调换

　　盐碱地是我国广泛存在的一种土壤类型，我国盐碱地面积约为 0.991 亿 hm^2，分布在西北、东北、华北、长江三角洲、黄河三角洲、环渤海地区、南方沿海等地区，且面积持续增加，对相关区域水土资源开发利用造成了严重负面影响。土壤盐碱化危害了我国约 933 万 hm^2 的耕地，特别是在国家对粮食安全要求持续提高的背景下，业已成为制约我国乃至世界粮食安全的重要因素。与此同时，盐碱地通常所处地形平坦，且土层深厚易于耕作，因此对盐碱地进行有效的改良利用可以有效增加耕地面积、增加粮食产量，进而一定程度上缓解粮食危机。盐碱地的改良利用不仅是世界各国政府高度重视的土壤环境问题，亦是国际土壤学研究的热点之一。从技术层面看，运用热电厂烟气脱硫过程形成的副产物——脱硫石膏进行盐碱地改良是研究、运用较多的盐碱地改良的方法。从政策层面看，我国政府历来高度重视盐碱地的改良利用工作。2023 年中央财经委员会第二次会议强调，盐碱地综合改造和利用是耕地保护和改良的重要方面，开展盐碱地综合改造和利用意义重大，要分区分类开展盐碱地的治理改良，大力推广盐碱地治理改良的有效做法，强化水源、资金等要素的保障。

　　需要看到的是，盐碱地水土资源的改良与优化利用在技术研发与制度支撑方面还存在诸多不足。从技术研发角度分析，盐碱地改良的最终目标应该是实现土壤质量的提升。过往研究对于提升盐碱化土壤（特别是碱化土壤）质量的关注点主要集中在如何改善土壤物理性质、降低土壤碱化程度和提升种植作物产量和品质上，对土壤质量的另一重要内容——直接影响着水、气、热运输和传导以及动物、植物和微生物生存环境的土壤结构质量提升则关注不足。特别是关于长期改良背景下，包括脱硫副产物施用和水分淋洗在内的改良措施，对于包括土壤团聚体、土壤颗粒以及土壤孔隙在内的土壤结构特征的影响和机理分析的研究尚不多见；对于碱化土壤结构功能的研究较少。从制度支撑角度分析，虽然宏观层面为盐碱地改良利用指明了方向，但在推动各级政府间协同、部门间协同、政府市场协同、构建盐碱地治理合力等方面还存在制度供给不足的问题。

针对以上问题，本书以国家实施质量兴农战略的重点区域、中国最大的一首制自流引水灌区——河套灌区为对象，在技术研究层面通过多年期碱化土壤改良田间试验和室内试验，分析了不同改良处理下土壤理化性质的年内年际变化和作物产量特点，引入分形和多重分形理论研究了土壤团聚体和土壤粒径分布的变化特征，利用计算机断层扫描技术和数字图像处理技术，研究了改良措施对不同质地、不同深度碱化土壤基于图像分析得到的二维、三维孔隙结构的影响，并初步建立了基于土壤结构的土壤质量评价方式。在政策研究层面，结合对现有国家、地方相关法规政策梳理和盐碱地改良利用需求的调查分析，提出了碱化土壤改良及优化利用制度建设需求与展望。

全书由俞昊良、杨培岭、廖人宽共同编撰。在研究与书稿撰写过程中，得到了水利部发展研究中心、中国农业大学等单位提供的资料支撑，在此一并表示敬意及感谢。

限于作者水平，书中存在许多不完善之处，恳请广大读者批评指正。

作者

2023 年 7 月

目录

第 1 章

绪　论

1.1　基　本　背　景

盐碱土是地球上广泛存在的一种土壤类型，世界范围内 100 多个国家和地区共有盐碱地 9.55 亿 hm^2[1]。我国盐碱地面积约为 0.991 亿 hm^2，西北、东北、华北、长江三角洲、黄河三角洲、环渤海地区、南方沿海等重点区域都有分布，且面积持续增加，对区域水土资源开发利用造成了严重负面影响。特别是土壤盐碱化危害了我国约 933 万 hm^2 的耕地，占总耕地面积的 7%[2]。

随着国家对粮食安全要求的提高和耕地面积的不断缩减，土壤盐碱化已严重影响了我国农业和畜牧业的发展，成为制约我国乃至世界粮食安全的重要因素。在人口不断膨胀的背景下，如何扩大耕地面积、提高单位面积产量已成为研究解决保障粮食安全的关键。盐碱地通常所处地形平坦，且土层深厚易于耕作。因此，盐碱地是我国重要的后备耕地战略资源。对具有潜力的重点地区（如大中型灌区等）盐碱地进行有效地改良利用，可以有效增加耕地面积和粮食产量，进而一定程度上缓解粮食危机。因此，盐碱化土壤的改良利用不仅是世界各国政府高度重视的土壤环境问题，亦是国际土壤学研究的长期热点之一[3-4]。盐碱化土壤可大致分为盐土和碱化土。改良盐土的方法主要是对其进行充分的淋洗。但是碱化土壤代换性钠含量高导致土粒分散、透水性差的特点，决定了常规淋洗无法达到预期的改良效果。为此，国内外深入开展了碱化土壤的改良利用研究，而通过向碱化土壤中施用石膏来增加土壤中 Ca^{2+} 以代换土壤胶体上多余的 Na^+ 的方法被广泛认可[5-6]。但是由于资源稀缺、价格昂贵等原因，利用纯石膏改良碱化土壤较少能在实际中应用推广。

脱硫石膏被认为是一种更加经济和环保的碱化土壤改良剂，由于其是热电厂烟气脱硫过程形成的副产物，因此也被称为脱硫副产物。脱硫副产物主要成分为 $CaSO_4$ 或 $CaSO_4$ 与 $CaSO_3$ 的混合物，外观和性状与天然石膏相类似，但因为含有较多杂质，无法直接用于工业生产，因而多数被闲置，使用成本低，因此脱硫副产物被广泛地应用于碱化土壤改良研究[7-8]。

脱硫副产物改良碱化土壤的基本原理是：通过 Ca^{2+} 和 Na^+ 的交换吸附作用，使本来分散的土壤缓慢团聚形成新生团聚体，进而对土壤的颗粒组成和土壤孔隙产生影响，提升土壤结构质量。深入研究和全面了解碱化土壤结构特征极其重要，因为土壤结构影响着土壤中水分和空气的保持与传输以及土壤的机械性质，对于土壤耕作、土壤侵蚀和其他一些问题的研究亦是至关重要[9-10]。但是已有的研究成果多数是基于碱化土壤改良效果的评价和改良模式的探讨，而关于改良过程中土壤结构演变规律的研究较少，限制了碱化土壤改良理论研究的进一步深入，也阻碍了碱化土壤改良技术进步与应用推广。

1.2　碱化土壤的成因、特点、危害和改良

土壤碱化是指游离态 Na^+ 进入土壤胶体，使其中含有较多的可代换性钠的过程，因此土壤的碱化程度通常用代换性钠离子占阳离子总量的比重，即碱化度（Exchangeable Sodium Percentage，ESP）来进行评价。1953 年，苏联研究人员将碱土分为非碱化土（$ESP<5\%$）、轻、中、重度碱化土（ESP：$5\%\sim20\%$）和碱土（$ESP>20\%$）。1988 年，李述刚等[11]在对我国新疆维吾尔自治区荒漠碱土进行研究后提出将 ESP 在 $10\%\sim40\%$ 之间的土壤称为碱化土，ESP 大于 40% 的土壤称为碱土。

碱化土壤的形成受到区域土壤类型、气候条件、地形地貌、成土母质以及水文地质特点的综合影响。国际上主要将盐碱土的形成过程区分为原生盐碱化和次生盐碱化。原生盐碱化指在自然条件下发生的、受人类活动影响较小的土壤盐碱化过程；而次生盐碱化是指因为人类的不恰当活动而引起了地下水和土体中的水溶性盐随地下水位和土壤毛管上升并在土壤表层积累，造成或增强了表土层盐碱化程度的过程。根据中国土壤分类，我国的碱土可分为草甸碱土、草原碱土和龟裂碱土三个亚类[2]。其中，草甸碱土主要分布于东北松辽平原、黄淮海平原以及内蒙古自治区东部和北部；草原碱土主要分布在内蒙古自治区；龟裂碱土则主要分布在宁夏平原和新疆准噶尔盆地。

土壤碱化具有多个层面的危害性[12-13]。在土壤层面上，碱化土壤胶体呈高度分散状态，含水率高时土体膨胀，含水率低时土体收缩板结，可形成棱柱状或柱状结构的碱化层并在形成地表结皮或结壳，抑制了土体通透性和耕性。作物层面上，盐碱胁迫会造成植物体内出现渗透胁迫、离子毒害和营养亏缺等问题。渗透胁迫指过量盐分增加了土壤溶液和渗透压，造成了植物根系吸水困难；离子毒害指过量的 Na^+ 和 Cl^- 破坏细胞膜，影响细胞代谢功能；营养亏缺指过量的 Na^+ 和 Cl^- 会限制根系吸收 K、Ca、N、P 等营养元素，导致植物缺乏营养进而抑制作物的生长发育、降低产量。生态层面上，受土壤碱化影响而造成的地表植被萎缩，增加了地表蒸发，或导致荒漠形成和土地资源的丧失，破坏生态的可持续性。

关于碱化土壤的改良方法，国内外学者已经做了大量的研究。常见的改良方法包括物理改良、生物改良和化学改良。物理改良法主要指疏通排水、水分淋洗、松土施肥和扑沙压碱等措施。生物改良法包括种植树木、种植耐盐性较强的牧草、种植高抗盐植物和培育具有抗盐能力的作物等[14-15]。与物理改良和生物改良相比，化学改良被认为是可以直接降低土壤中代换性 Na^+ 含量、从根本上改良碱化土壤的方法，其主要措施是通过向土壤

中添加含有高价阳离子的可溶解盐来代换土壤胶体上的 Na^+。硫酸钙被认为是最适宜的施入剂[5]，因为以 Ca^{2+} 形成的海绵状胶体的品质最好，且胶体微粒自己能互相靠近而聚团，降低土壤板结程度；土壤湿润时，水分子进入到胶体微粒之间并导致土壤微粒团膨胀，然后在失水过程中使土壤发生龟裂。干湿交替反复进行利于土壤形成团粒结构，有益于农作物根系生长并吸收水和营养盐；另外硫酸钙相较于低溶解度的碳酸钙和高溶解度但价格昂贵的氯化钙，更具有可应用性[16]。

众多实验结果显示，石膏能够直接与土壤溶液中的 HCO_3^- 和 CO_3^{2-}，以及被胶体吸附的 Na^+ 进行反应，使钠质的亲水胶体转化为钙质的疏水胶体[5]。19 世纪末 20 世纪初，美国和俄国学者建立了石膏改良碱化土壤的三个理论基础化学方程式，即

$$Na_2CO_3 + CaSO_4 \longrightarrow CaCO_3 + Na_2SO_4$$
$$2NaHCO_3 + CaSO_4 \longrightarrow Ca(HCO_3)_2 + Na_2SO_4$$
$$2Na + CaSO_4 \longrightarrow Ca + Na_2SO_4$$

Frenkel 等[17]通过研究石膏溶解对碱化土壤的影响发现不同石膏的施用方式显著影响了代换性 Na^+ 与可溶性盐的淋洗程度、效率和土壤的透水性能。Gupta 等[18]则探索了不同的灌溉条件下石膏改良碱化土壤的效应。陈恩凤等[19]于 20 世纪 50 年代在吉林省进行碱土种稻改良，发现在灌排结合条件下，施用石膏配合厩肥可以有效改善盐碱地的土壤性质。俞仁培[2]等总结了黄淮海平原盐碱地改良的经验后，提出了一整套利用石膏改良碱化土壤的方法。但是成品石膏价格昂贵，且在工业上具有较高的使用价值，大规模应用石膏改良碱化土壤尚不可行，因此研究者逐渐转向寻求石膏的低值替代品。

1.3　脱硫副产物在改良碱化土壤中的应用

脱硫副产物是在燃煤电厂烟气脱硫过程中产生的，细颗粒的二水硫酸钙（$CaSO_4 \cdot 2H_2O$）晶体。脱硫副产物相比纯石膏在水化动力学、凝结特征以及物理性能等方面差异小，且有颗粒细（粒径一般不超过 $90\mu m$）、成分稳定、出产量大和有害杂质少等特点，因此也得到了广泛应用[20]。许多国家都采用了脱硫副产物进行碱土改良，欧、美、日等国家研究了脱硫副产物的综合利用方式并形成了较为完善的应用体系[7]。印度进行了施用脱硫副产物改良盐碱地的试验，发现碱化土壤 pH 可由 8.8 降为 7.5，同时种植坚果的产量也有明显提升[21]。

我国应用脱硫副产物改良碱化土壤的实践最早由 Chun 等[22]于 20 世纪 90 年代在辽宁省完成，在碱化土地上施用脱硫副产物后经过 4 年，土壤的 pH，ESP 和可溶性 Na^+ 均大幅降低，并且在种植玉米后获得了良好的产量。陈欢等[23]在内蒙古土默川平原进行脱硫副产物改良碱化土壤的试验后发现，在施入 $12\ t/hm^2$ 脱硫副产物后，玉米的出苗、成苗、株高和产量均显著高于对照未改良处理。王金满等[24]在内蒙古河套灌区乌拉特前旗进行了脱硫副产物改良碱化土壤的田间试验，建立了改良不同程度碱化土壤的脱硫副产物施用

量计算公式。吕二福良等[25]研究发现将脱硫副产物与表层土壤混合后改良效果好于施于土壤表层。赵锦慧等[26]基于室内试验得出改良碱化土壤需保证 $134.47m^3/hm^2$ 灌水量。肖国举等[27-28]在宁夏西大滩碱土区研究了施用时期和深度、耕作类型对改良碱化土壤的效果，发现秋季深施的条件下土壤脱碱效果最好，且犁翻施用脱硫副产物后再对土地进行旋耕，可帮助提高改良效果。其力格尔等[29]探索了施用脱硫副产物改良效果的可持续性，发现改良 5 年后依然有持续的效果。邹璐[30]研究了应用脱硫副产物改良 6 年内土壤理化性质变化和油葵的生长特性，结果显示多年改良后土壤有机质、有效磷、碱解氮和速效钾含量增高，且施用脱硫副产物增加了油葵叶片的光合能力，促进了碱化土壤油葵的生长发育。

1.4　土壤结构研究的主要内容与方法

土壤结构指土壤固相颗粒和孔隙所组成的结构。土壤结构的好坏决定了土壤的水分和营养的供应和保持能力，影响了土体空气与大气交换的过程，提供了土壤生物和微生物活动所需的通道和场所，因此也是土壤质量的重要指标之一[10,31]。土壤结构的研究对象具有多尺度性，包括小尺度的土壤微型态和超微形态，中尺度的土壤颗粒、团聚体及孔隙以及大尺度上基于地统计学理论和"3S"技术所进行的土壤时空变异[9]。由于土壤功能和性质主要与中小尺度上的土壤结构关系更加紧密，因此本研究所指代的土壤结构特指中小尺度上的特性。

1.4.1　土壤团聚体研究

土壤团聚体是土壤结构的基本构成单位，其形成是土壤中有机、无机物质的共同作用的结果。有机质物质的胶结作用以及多价金属阳离子对黏粒的连接吸附形成的配位络合物和有机无机复合体，在土壤团聚体构成中有着关键性的地位[32-33]。长期以来，土壤团聚体反映的土壤结构被各国研究人员作为研究的重要对象。主流观点认为，不同尺寸的土壤团聚体在土体营养的保持和供应中起到了不同的作用，而且其在空间上的组合、构形和数量影响了土壤孔隙，进而对土壤的水力学特征以及微生物活动产生影响。此外，团聚体稳定性下降也被认为是土壤结构退化的最主要特征之一。因此，对于团聚体的研究主要集中在评价土壤团聚体的构成比例以及稳定性。

土壤团聚体的构成比例及稳定性的主要测试方法包括筛分法（干筛与湿筛）[34-35]、Le Bissonnais 法[36]和微形态观测法[37-38]。其中，筛分法是最常用的方法。利用有层级的筛网将原状土样进行机械筛分（干筛）和在水体中筛分（湿筛），可以获得机械稳定性团聚体和水稳性团聚体的数量和组成，进而可以分析测定其他团聚体特征指标。Le Bissonnais 法又称为雨滴法，其基本原理是根据不同作用力类型而对样本采用不同的前处理，进而在区分团聚体崩解的基本机制的基础上，描绘崩解过程并得到能直接描述土壤团聚体性状的指标。该方法目前应用较少。微型态观测法试图运用土壤图像、显微镜观测图像或者 CT 扫描图像来定量分析土壤团聚体数量和大小分布，相比较其他测试方法更为直接，但是在观测结果的获取过程需要相对较多的主观判断，且难以获得团聚体稳定性的指标测定结果。

为了定量评价土壤团聚体的构成和稳定性，研究人员采用了不同类型的指标，如关注某一部分粒级团聚体的指标或整体分析所有粒级团聚体的指标。大于 0.25 mm 的团聚体被认为组成团粒较小且透水性好，因此该部分粒级团聚体数量反映了土壤抗侵蚀能力的强弱，且受土壤有机质含量影响较大[39-40]。van Bavel[41]基于所有尺寸团聚体加权求和值，提出了平均重量直径（Mean Weight Diameter，MWD）的计算法。Gardner[42]认为团聚体分布服从对数正态分布，并基于此提出了几何平均直径（Geometric Mean Diameter，GMD）参数。Mandelbrot[43]提出的分形理论亦被用于描述土壤团聚体组成的自相似特征，该理论得到的分形维数也被用于评价团聚体特性。MWD、GMD 和分形维数都从整体上考虑了团聚体组成的特点，因此被认为能更好地反映团聚体分布的构成情况。

影响土壤团聚体构成和稳定性的因素众多，主要可分为原生影响因素和外部影响因素。其中，原生影响因素主要指土壤成土过程；外部影响因素则包括了气候、地形地貌、土壤质地、土壤化学可溶盐及无机氧化物、土壤有机物、土壤动、植物及微生物活动以及土地利用方式和人类活动[44-46]。其中，土壤化学可溶盐（特别是 Ca^{2+} 和 Na^+）和 pH 直接影响了构成土壤团聚体的土壤黏粒的动力学特点，因此是土壤团聚体重要的影响因素。Le Bissonnais[36]认为团聚体稳定性受阳离子大小和电价的综合影响，譬如单价离子引起分散，而多价阳离子引起絮凝。对于碱化土壤，大量存在 Na^+ 是导致土壤黏粒易分散、土壤团聚体稳定性低的重要原因。而通过向土壤中施加钙源，如石灰和石膏，则可以帮助弱化碱化土壤中 Na^+ 的负面效应，减少黏粒弥散，进而促进土壤团聚体的形成和稳定[47]。Nayak 等[48]在印度恒河平原研究了施用石膏和淋洗对稻麦复种的碱土地土壤团聚体的影响，发现在 $11t/hm^2$ 石膏施用量条件下，经过 3 年土壤团聚体 MWD 可由初始的 0.45mm 增加到 1.02mm；Emami 等[49]通过盆栽试验发现在 $10t/hm^2$ 石膏施用量和有灌溉的处理下，土壤团聚体 MWD 是空白碱化土壤对照组的 1.26 倍；Bennett 等[50]研究了应用石膏改良 12 年后土壤团聚体的特征情况，发现水稳性团聚体的数量有显著增加；Chi 等[51]取用松嫩平原 0～40cm 碱土在室内研究了施用脱硫副产物对土壤团聚体的影响，认为高施用量可以显著增加大于 0.25mm 湿稳定性团聚体在总大团聚体质量中的比重（由 3.91％～5.62％增加至 54.86％～57.85％）。

1.4.2 土壤颗粒分布研究

土壤颗粒分布（Particle Size Distribution，PSD）是指土壤中不同粒径土粒的组成，反映了土壤的基本组成性质，决定了土壤的物理结构，也被广泛应用于描述土壤质地状况和预测、模拟土壤水动力学特征参数[18,52-53]。土壤颗粒分布的主要获取方法为吸管法和激光衍射法。吸管法耗时较长，且数据测定中容易出现较大的相对误差。相比之下，基于 Fraunhofer 衍射理论和 Mie 散射理论、利用激光粒度仪来测定土壤粒径分布的激光衍射法则具有测试速度快、测量范围广且相对误差小等特点[54]，已广泛应用于现有研究。而对于土壤颗粒分布的分析方法，多数研究者都采用了分形理论[55-56]。

分形理论由数学家 Mandelbrot 在研究复杂的不规则几何形态时发现并提出建立，被定义为"局部以某种方式与整体相似的形[43]"，其在描述自然界中各种不规则、经典集合无法描述的结构时显示出良好的适应性。分形的核心是自相似特性，而用于描述这种自相似特性的量被称作分形维数，因而分形维数也被认为是分形理论及其应用研究中的一个重要参考量。

土壤受成土过程以及人类活动的综合影响，在形态、结构和功能上均呈现出强烈的复杂性。因此，自 20 世纪 80 年代 Burrough[57] 将分形理论引入土壤学研究起，大量研究使用分形理论并证明了土壤是具有分形特征的系统，应用分形理论探索土壤结构具有可行性和适用性。Turcotte[58] 探索了不同质地土壤颗粒分布的分形特征，发现颗粒大于某一粒级半径的总颗粒数量与该粒级半径的关系为

$$N(r > r_i) \propto r_i^{-D} \tag{1.1}$$

式中　N——累积的总颗粒数量；

　　　r_i——第 i 个粒级的平均半径；

　　　D——分形维数，表明颗粒的总累积数量随每一粒级半径的变化呈现分形特征。

D 值大小同时也反映了颗粒组成的特点，当 $D = 0$ 时，土壤所有颗粒粒径相同；当 $0 < D < 3$ 时，大颗粒的比重较高；当 $D > 3$ 时，中小颗粒的比重较高。Tyler 和 Wheatcraft[55] 基于土壤质量密度恒定的假设，在忽略土壤颗粒形状差异的前提下，提出了改进的粒径分形关系模型，即

$$\lg \left[\frac{W(\sigma < d_i)}{W_0} \right] = (3 - D) \lg \left(\frac{d_i}{d_{\max}} \right) \tag{1.2}$$

式中　W——粒径大于第 i 粒级直径 d_i 颗粒的累积重量；

　　　W_0——各粒级总重量；

d_i、$d_{\max}$——第 i 粒级和最大粒级土壤颗粒的平均直径。

该方法简化了参数的测定，并赋予了分形维数物理意义。杨培岭等[59] 基于 Katz 提出的计算方法，利用土壤颗粒粒径分布与颗粒重量分布间的关联性，提出了粒径重量分布表征的土壤分形参数计算模型，进一步增强了模型的实用性。王国梁等[60] 认为不同粒级的土壤颗粒实际密度有差异，因而提出了颗粒体积分形维数的计算方法，即

$$\frac{V(r < d_i)}{V_T} = \left[\frac{d_i}{d_{\max}} \right]^{3-D} \tag{1.3}$$

激光粒度仪的广泛使用促进了土壤颗粒体积分形维数的研究，土壤颗粒体积分形维数也被认为是可以反映土壤质量的指标之一[61-64]。随着研究的不断深入，研究者发现有时仅用分形维数一个参数，无法完整描述分形体的整体复杂特征，对非均匀复杂几何体，应用多个分形维数才能较准确地刻画特征[65-66]。因此，在分形理论的基础上，多重分形理论被提出、研究并应用，主要是用连续的多重分形谱来刻画复杂结构。

为了获取更详细的土壤粒径分布特征信息，多重分形的分析方法亦被广泛应用。

Grout 等[67]基于多重分形方法研究了重黏质土的颗粒粒径分布，发现多重分形参数，如信息熵维数、关联维数以及多重分形谱谱宽、谱型等，都是可描述土壤粒径分布非均质特征的重要指标。

土壤的分形维数和多重分形参数的影响因素主要包括：成土母质、土壤质地、土地利用方式以及人类活动等[68-69]。李德成等[70]发现难风化母质土壤的分形维数低于易风化母质土壤；张世熔[71]、程先富[72]等发现分形维数与土壤黏粒含量之间有显著的相关关系。土地利用方式和人类活动主要通过影响土壤质地组成、土壤物理化学特性而对粒径分布产生作用。胡云锋等[73]计算比对了北方地区 5 个不同侵蚀程度区域土壤粒径的分布特征后发现，高风蚀强度会降低土壤分形维数；而高植被覆盖度的土壤分形维数较大；Wang 等[74]研究表明多重分形参数可以体现出森林、灌木种植带、草地、牧场和废弃农场地表颗粒粒径分布的细微差别；孙梅等[75]研究发现长期施肥可以显著提高多重分形谱关联维数和谱宽，暗示了红壤粒径分布局部密集程度的增加；Miranda 等[76]发现经过 9 年不同种植作物、不同石灰、石膏施用量和不同绿肥施用量的 8 种农作处理，表土层土壤颗粒多重分形谱谱宽和信息维数有显著差异。

1.4.3　土壤孔隙研究

传统的研究将土壤团聚体作为土壤结构的最重要组成部分，并且集中在对土壤团聚体数量、分布、稳定性及其影响因素的探求上[10]。但是不少研究者认为，土壤团聚体研究的结果容易受到研究所选用方法的影响，在一定程度上会削弱结果的科学性。Letey[77]，Pagliai 等[78]和 Baveye[79]提出，土壤孔隙是土壤水分、养分运移的主要通道，是植物所需氧气和大气交换的决定性因素，亦是土壤生物及微生物群落生活的场所，因此土壤孔隙结构应当被视作土壤结构中的关键一环。

土壤孔隙的形成主要包括以下途径[80]：

（1）成土过程中颗粒和团聚体自然堆积形成的天然孔隙。

（2）动物和植物活动形成的孔隙。

（3）干湿交替、土壤冻融和土壤侵蚀作用等自然作用下影响下形成的孔隙。

（4）人类活动影响下形成的孔隙。

按孔隙形态分，包括土壤自身的孔洞、动植物活动形成的管状孔、受自然条件和人类活动影响形成的裂缝与裂隙等。土壤孔隙的分类主要是根据土壤孔隙功能和当量孔隙直径大小进行区分。经典的对于土壤孔隙的划分是基于土壤水吸力与当量孔径之间的关系建立的，当量孔径小于 $2\mu m$ 的孔隙为非活性孔隙；当量孔径为 $2\sim200\mu m$ 的孔隙为毛管孔隙，该孔隙内的水分运动主要受毛细管作用影响；当量孔径大于 $200\mu m$ 为通气孔隙，孔隙中的水分主要受重力影响。随着观测手段的丰富和对孔隙功能的不断深入研究，对于孔隙的分类也出现了分异，趋势上是以大、中和小孔隙作为简单的孔隙分级方法。例如，Luxmoore[81]将大孔隙、中孔隙和小孔隙分别定义为等量孔径大于 $1000\mu m$，处于 $10\sim1000\mu m$ 之间和小于 $10\mu m$ 的孔隙；Beven 等[82]基于土壤水动力学和优先流的发生特性，将大孔隙定义为等量孔径大于 $3000\mu m$ 的孔隙；Kay[83] 则将大孔隙、中孔隙和小孔隙分别定义为等量孔径大于 $30\mu m$，处于 $0.2\sim30\mu m$ 之间和小于 $0.2\mu m$ 的孔隙。

1.4.3.1 土壤孔隙的传统研究方法

土壤孔隙的研究受土壤空间强变异性和松散堆积性影响，早期进展较为缓慢，利用间接法推求孔隙的数量和分布是最常见的方法，例如，基于土壤容重和密度计算得到孔隙度。但是土壤孔隙度仅代表了土壤中孔隙的总量，需要有更多来体现土壤孔隙空间分布、连通和相关性的参数。因此，许多研究者基于土壤水分特征曲线或压汞曲线来计算土壤孔隙的分布[84-86]。土壤水分特征曲线基于反映土壤吸力与土壤孔径关系的茹林公式，来推求相应吸力值对应的孔隙直径；压汞曲线根据杨拉普拉斯方程可得到压力与孔隙体积的关系，进而推求出介质的孔隙体积分布。但是上述两种研究方法均建立在毛管假设的基础上，实际中的土壤孔隙空间形状、分布和连通性较理论假设差异十分明显，因此难以直接用于说明土壤的结构特性及其与土壤水、气运动参数间的相互关系。

随着土壤薄片技术、断层射线扫描技术以及配套观测和图像分析技术的发展，对于土壤孔隙进行直接、定量化的研究逐渐成为主流。土壤薄片法通过采取原状土样后，经过环氧树脂—三乙醇胺低温固化—冷杉胶黏片和冷杉胶—松节油低温渗胶固化—502 胶黏片制成薄片[87]，再通过光学或电子显微镜观察二维孔隙，获取诸如孔隙度、孔隙分布和孔隙形状等信息。但是薄片法制作过程较为繁琐，且制片过程会对土壤产生不可避免的扰动，影响土壤孔隙。核磁共振技术（NMR）可以通过检测信号在研究对象孔内的振动频率和化学位移等数据形成对象孔隙的几何信息，多数用于岩石孔隙、石油化工、生物医疗研究，在土壤学研究中由于其价格较高而效率较低，应用推广程度较低[75,88]。气体吸附法通过测定受试土壤对气体的吸附量，并可根据参考模型计算受试土壤的孔隙度及孔隙分布，主要应用于土壤微孔隙的研究，不适用于土壤功能孔隙参数的获取[89-90]。此外，人工虚拟介质法通过等价重建的思想，利用人工介质和数学模型来模拟重构土壤结构[91]，Yang 等[92] 和 Liang 等[93] 分别通过球型填充物模拟多孔介质和将连续孔隙空间分类为不同类型孔隙的方法，建立了模拟介质并获取了孔隙的空间参数。但是该方法对土壤孔隙进行了较大程度的简化，代表性有限。相比以上所有方法，计算机断层射线扫描（Computed Tomography，CT）技术以其无损化的测量特点和较宽的样品适用程度，近年来得到了研究人员的关注和广泛使用。

1.4.3.2 计算机断层射线扫描（CT）在土壤孔隙研究中的应用

CT 扫描的基本原理可以解释为：当强度为 I_0 的 X 射线穿过厚度为 h 的均质物体时，射线强度受到物体的吸收和散射作用而发生衰减，衰减率 I/I_0 服从 Beer 法则[94]，即

$$I/I_0 = \exp(-\mu h) \tag{1.4}$$

式中 μ——单位长度的线性衰减系数。

而当 X 射线穿过厚度为 h 的一组非均质物质时，其衰减率取决于光路内每一离散点上物质的衰减率。衰减系数主要受物质密度（ρ）、有效原子系数（Z）和 X 射线能量

（E）的影响，具体计算方法为

$$\mu = \rho[a + bZ^{3.8}/E^{3.2}] \tag{1.5}$$

$$I/I_0 = \exp\left[-\int_h \mu(x)\mathrm{d}x\right] \tag{1.6}$$

式中　a、b——能量决定系数。

　　X 射线自发射装置产生之后穿透样品；探测器检测衰减后的射线信号并将其传输到计算机上，通过射线穿透的角度可以获取一组样品投影数据，进而可以应用重构计算出样品内每一点的衰减率，并以不同灰度值的灰度图像来区分样品内不同的物质组成。

　　CT 扫描是一种最早应用于医疗的无损检测手段。该方法最早由 Petrovic 等[95] 引入土壤学研究，基于 Hounsfield 理论，其发现了土壤容重与 X - 光衰减程度间的线性关系。Hainsworth 等[96] 利用 CT 研究了土壤根系的吸水过程。X 射线穿过土壤介质和土壤孔隙的衰减率呈现极显著的不同，因此利用 CT 扫描为土壤孔隙研究提供了极大的便利。随着更大辐射量和更高图像分辨率 CT 扫描的出现，以及相应的功能更强大的图像处理软件的研发，CT 扫描成像技术被认为是研究土壤孔隙空间构型、特性乃至成土过程的重要手段[97-98]。CT 装备的改进（医用 CT、双源 CT、工业显微 CT 和同步辐射 CT）以及图像重构算法的改进使得 CT 成像的质量不断提高（图 1.1）。不同的 CT 类型也被应用于不同内容的研究，譬如医用 CT 适用于较大尺寸且对图像分辨率要求不高的样品；同步辐射 CT 适用于高图像分辨率的小尺度样品；工业显微 CT 的应用较为广泛，原因包括其相比医用 CT 有较小的焦斑尺寸、成像质量更高；相比同步辐射 CT 对样品的尺寸要求相对较小，可承担多个尺度样品扫描的任务且保证了有效的观测精度。

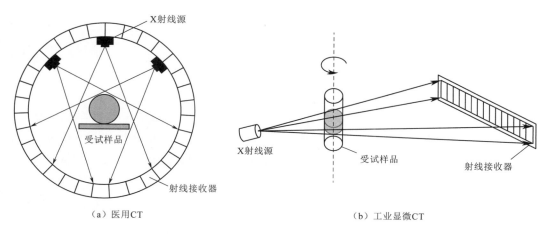

（a）医用 CT　　　　　　　　　　　　　（b）工业显微 CT

图 1.1　医用 CT 和工业显微 CT 的原理示意

1.4.3.3　CT 图像二维参数的研究及应用

　　为了评价土壤孔隙对水分、溶质以及气体传递运输特性的影响，首先需对土壤中孔隙的特性进行定性、定量化描述。现有研究基于 CT 扫描得到土壤的二维图像，可以分析得到包括土壤孔隙大小、数目、面积、孔径分布、成圆率等许多信息。CT 二维图像的处理一般包括以下步骤[99]：

（1）选取图像研究区域。CT 扫描得到的原始图像是灰度图。通常扫描图像会受到射线硬化以及边际扰动等问题，因此多数研究者会选取特征研究区域进行分析，即在图像上抠出一块子图像进行后续的处理和分析。

（2）图像增强与去噪。图像增强的主要目的是变化灰度图像的频率域与空间域，使研究对象——孔隙更加突出。去噪的目的是减少图像中存在的噪点，主要方法是选用不同的滤波方程对图像进行处理。合理的图像增强与去噪可以提高研究对象的易分辨程度和提高细节还原效果，并为后续处理提供便利。

（3）图像分割。图像分割是将设定或计算得到一定的灰度值范围来定义和提取研究对象，进而为研究对象的定量化分析提供基础。图像分割方法种类较多，按操作类型分为自动计算分割法和人工阈值分割法。经分割后的图像可通过软件进行信息提取。

Warner 等[100]提出了确定土壤 CT 扫描图像大孔隙的数量、大小和位置的基本方法。Peyton 等[101]利用 CT 扫描对比分析了森林和农田土壤等量直径大于 0.5mm 的二维孔隙信息，采用迭代方法计算了孔隙的周长和等效直径。冯杰等[102]基于横向和纵向二维图像分析了大孔隙的尺寸，形状和纵向连通度，并探索了孔隙面积对数频率直方图的表征特点。李德成等[103]提出了二维孔隙变异度和复杂度的指标计算方法。研究人员发现，土壤孔隙的形态和孔隙的二维空间分布具有一定的自相似性，因此引入了分形和多重分形来研究土壤的孔隙结构。土壤孔隙分形维数被认为一定程度上反映了土壤颗粒与土壤孔隙界面的不规则性[84]，因此被广泛应用。Peyton 等[104]计算了基于 CT 图像的大孔隙周长的分形维数度。Anderson 等[105]，李德成等[106]研究了二维土壤孔隙分布的质量分形维数 D_m 和孔隙边缘粗糙度的表面分形维数 D_s，认为 D_m 可以实现定量描述土壤孔隙结构的复杂特征。冯杰和郝振纯[107]采用计盒维数法分析了 CT 扫描二维土壤孔隙分形维数及其在深度上的变化。

基于 CT 扫描二维图像研究自然条件与人类活动对土壤孔隙结构影响的研究一直广受关注。赵世伟等[108]利用 CT 扫描技术研究了黄土高原子午岭林区 5 个植被自然恢复地表层孔隙的特点，发现随着有机质含量的提高，孔隙数、总孔隙度、成圆率和分形维数均有显著的提高；Udawatta 等[109]基于 CT 图像分析研究了不同植被管理措施对土壤孔隙特征的影响，研究发现林地的大孔隙数量、大孔隙度以及孔隙成圆率要明显高于草地和农地，且天然草地要高于恢复草地和农地；Asare 等[110]对免耕地中等量直径大于 0.54mm 的二维大孔隙进行了研究，发现随着深度增加，大孔隙度出现了降低，并认为地上残留物、植物根系和土壤动物活动对土壤大孔隙的形成有重要影响。Kim 等[111]研究了压实作用对土壤孔隙的影响后发现，中度压实处理对表层 10cm 深度内的二维土壤孔隙数量和孔隙度均有显著的降低作用，而压实处理对 20cm 深度以下的孔隙结构影响不明显。王恩姮等[112]通过二维 CT 扫描图像提取的孔隙数、平均面积、Feret 直径和成圆率等指标描述了冻融循环对黑土孔隙结构的影响。

　　考虑到孔隙特征对土壤水分运移的决定性作用，研究人员总结和提出了基于孔隙二维参数的土壤饱和导水率预测方程，均表现出一定的适应性。基于孔隙参数的土壤饱和导水率 K_{sat} 传递函数方程见表1.1。

表1.1　　　　　　　基于孔隙参数的土壤饱和导水率 K_{sat} 传递函数方程

方　　　程	样本数量	决定系数	土地利用	方程出处
$K_{sat}=32.50-42.77\text{sand}\%-95.81(IWC)+$ $1160.26OC+466.05\Phi_{macro}-499.1\Phi_{root}$	96	0.88	草场	Lin 等[113]
$\ln K_{sat}=-8.10+1.18\text{sand}\%+8.77BD+37.89\Phi_{>30}-$ $4.28\text{sand}\%^2-3.22BD^2-20.78\Phi_{>30}{}^2+5.52\text{sand}\%\times$ $BD-21.33\text{sand}\%\times\Phi_{>30}-14.89BD\times\Phi_{>30}$	195	0.51	农田	Merdun 等[114]
$K_{sat}=109.11+3.85(\text{number of macropores})-84.20\,BD$	102	0.45	草场	Udawatta 等[109]
$K_{sat}=10.90-3.54(\text{number of macropores})+6292.15\Phi_{macro}$	120	0.60	牧场	Kumar 等[115]
$K_{sat}=-21.90+56.02\Phi_{macro}-2.87\Phi_{largest}-49.74\Phi_t$	100	0.79	农田	Kim 等[111]

注：

Φ_t——总孔隙度（容重计算得到）；

Φ_{macro}——大孔隙度（孔隙等量直径大于 $1000\mu m$）；

Φ_{root}——根系孔隙度；

$\Phi_{>30}$——等量直径大于 $30\mu m$ 孔隙度；

$\Phi_{largest}$——最大孔隙容积；

BD——容重；

number of macropores——大孔隙数量（孔隙等量直径大于 $1000\mu m$）；

OC——有机碳含量；

sand——砂粒含量；

IWC——initial water content，初始含水量。

1.4.3.4　土壤孔隙三维结构研究及应用

　　由于土壤本身的复杂性，通过二维图像提取的孔隙特征的代表性一直受到尺度和空间变异的局限。为了尽可能真实地描述土壤孔隙，进一步得到土壤三维孔隙结构的特征指标并建立其与土壤性质之间的关系是主流的研究方向。随着新技术的发展和应用，国内外研究者通过实际观测和建立模型的方法对土壤三维孔隙结构进行研究，并已取得了一定的成果[94,116]。

　　土壤孔隙模型主要包含四种类型。

　　（1）非空间模型，该模型能给出孔隙分布结果，但计算过程忽略了孔隙的空间分布和连通特征[117]。

　　（2）示意模型，灵活性强，能通过不同集合基本体的组合排列来描述土壤孔隙结构[118]，但模型较简单。

　　（3）随机模型，基于平面空间由不连续的土壤介质和孔隙空间构成[119]，可形成近似真实的孔隙网络，但在数学处理上较为复杂。

　　（4）分形模型，应分形理论来研究土壤的复杂状态[120]，但计算过程受模拟要求的约束较大。

孔隙网络模型被认为是一种可以将传统的网络模型和实测的孔隙形态特征进行有效结合，并克服其他模型中经常出现的参数不确定因素影响的模型。网络模型最早由 Fatt[121] 提出并应用在石油工程领域，之后不断被研究者进行丰富和完善。在二维网络模型的基础上，可以构建反映介质空间连通性的三维网络模型。Vogel[122] 应用三维网络模型构建了模拟土壤孔隙结构，并对孔隙内溶质运移特性和水分持留特性进行了模拟。吕菲等[123] 基于 CT 扫描得到的土壤切片图像获取了土壤孔隙大小和连通度等指标，并建立了三维网络孔隙模型，对近饱和土壤水力学性质进行了预测。Hu 等[124] 基于连续的 CT 图像，对孔隙网络模型构建算法进行了改进，重现并定量化研究了直径 20cm、高 47cm 的原状土柱孔隙结构。现有的基于图像的形态学网络模型在孔隙几何形态和空间拓扑特征上都做了较大的简化，因此模型的普适性仍存在不足。

随着 CT 图像分析手段的不断进步，研究者已经可以直接通过软件输入连续的 CT 图像来获取对象的三维重建结构并进行多指标的定量分析[125-126]。在软件处理过程中，单个或者多个对象的三维形态可以通过等高线法（Isocontour，相同衰减程度的体元在空间上形成的不透明面）或者渲染法（Volume rendering，对某个衰减程度范围内的所有体元赋予特定的颜色和透明度）从连续、堆叠的 CT 二维图像中提取出来供分析。

关于土壤三维孔隙结构的特征指标、自然条件与人类活动，对土壤三维特征指标的影响及三维指标与土壤物理、水力学和气热交换性质之间联系的研究，是热门的研究内容。Perret 等[127] 基于改进的邻域法重建了土壤三维结构，提出了包括三维大孔隙数量、长度、扭曲度、水力学半径、孔隙密度和孔隙空间连通度的计算方法。Al-Raoush 等[128] 基于孔隙骨骼计算法（即在不破坏孔隙连通性的前提下最小化孔隙空间，提取孔隙空间的中轴）提取了包括孔隙本体和孔喉的特征信息，定义了活性孔和非活性孔。Luo 等[129] 利用 Avizo 软件重建了三维孔隙结构与骨架结构，计算了三维孔隙的尺寸分布、三维孔隙内表面积、孔长密度、孔隙长度分布、孔隙倾角、节点数量与路径数量等三维孔隙指标。Deurer 等[130] 研究发现施用有机肥对孔隙的空间连通度和扭曲度有显著的影响。Dal Ferro 等[131] 研究了长期施肥条件下土壤样本的三维孔隙分布和形态，发现农家肥和液态肥处理下大孔隙的连通度有显著提高，且呈现出小孔径孔隙（80～320μm）转向大孔径（560μm）孔隙转变的趋势。Papadopoulos 等[132] 研究发现贯通团聚体表面和内部的长孔隙可以降低团聚体内部压力，进而降低团聚体崩解的可能性。Schjonning 等[133] 研究了压实作用对表层土壤三维孔隙的影响，发现压实作用降低了垂直孔隙和主要大孔隙的孔隙度并同时降低了土壤的透气性能。Naveed 等[134] 发现长期施用粪肥和化肥可显著提升土壤三维大孔隙的孔隙度，并且土壤气体扩散率与大孔隙度间呈极显著正相关关系。Luo 等[135] 基于三维土柱大孔隙信息，建立了饱和导水率与三维大孔隙度与大孔隙数量，以及溴离子穿透系数与大孔隙数量、水力半径以及孔隙倾角的回归预测方程。

1.5　存在的主要问题

应用脱硫副产物改良碱化土壤的最终目标应该是实现土壤质量的提升。过去的研究对于提升碱化土壤质量的关注主要集中在如何改善土壤物理性质，降低土壤碱化程度以及提升种植作物产量和品质上，对土壤质量的另一重要内容——直接影响着水、气、热运输和传导以及动植物和微生物生存环境土壤结构的质量提升，则关注不足。关于长期改良背景下，包括脱硫副产物施用和水分淋洗在内的改良措施对于包括土壤团聚体、土壤颗粒以及土壤孔隙在内的土壤结构特征的影响和机理分析的研究尚不多见，对于碱化土壤结构功能的研究较少，基于土壤结构变化机理来进行技术研发与应用的实践也较为罕见。此外，从宏观层面研究解决重点区域的碱化土壤问题的文章也不多见。

第 2 章

研 究 对 象 与 方 法

2.1 研 究 对 象

内蒙古自治区河套灌区位于黄河上中游内蒙古自治区段北岸的冲积平原，北依阴山山脉的狼山、乌拉山南麓洪积扇，南临黄河，东至包头市郊，西接乌兰布和沙漠，是亚洲最大的一首制灌区和全国三个特大型灌区之一，也是我国重要的商品粮、油生产基地，具有重要的战略地位。灌区利用黄河水灌溉发展农业的历史已有 2000 多年，2019 年被列入世界灌溉工程遗产名录。

河套灌区可开发利用土地面积约为 77.4 万 hm^2，其中各类盐碱地面积达 23.8 万 hm^2。河套灌区处荒漠平原地带，年均降水量约为 150mm 且主要集中在 7—8 月。年均蒸发量达 2200~2400mm，蒸降比大于 10。区域土壤母质含盐量和地下水矿化度都很高，本底母质含盐量约为 0.2%，地下水矿化度 17.7~23g/L。河套灌区属于半封闭洼地，地下水水平移动缓慢且天然排水能力低。地下水水位因黄河水补给和大水漫灌措施而保持较高水平。受高蒸降比影响，造成了盐分在垂直循环中不断在表层积累，另外粗放的耕作管理，如土地不平整，灌水不均匀等，都加剧了土壤次生盐碱化。河套地区碱土为龟裂碱土亚类，白僵土属，盐分组成以碳酸钠和硫酸钠为主[136]。

河套灌区处于大陆性气候区，年平均风速 9.6m/s，全年风沙日 47~105d。冬季严寒少雪、夏季高温干热。年平均气温 8.1℃，土壤冻结通常开始于每年的 11 月中旬，冻土深度可达 1.0~1.3m，冻土全部被消融在 5 月上旬、中旬，全冻融期约为 180d。

2.2 田间试验设计与布置

2.2.1 试验设计

本书开展的田间试验地位于内蒙古自治区巴彦淖尔市河套灌区五原县大沙窝村，东经 108°0′14″、北纬 41°3′59″，海拔 1115.00m。试验区为多年抛荒碱化土地，生长有野生芦苇和碱蓬。在试验布置前，在试验区内按照 "S" 形取了 7 个样点，分别测定了 6 个目标深度（0~10cm、10~20cm、20~40cm、40~60cm、60~80cm 和 80~100cm）土样的土壤颗粒和化学组分，并挖掘土壤剖面取原状土环刀测定各深度土层的干容重及田间持水量，试验区土壤物理化学性质背景值见表 2.1。经测定，试验区 0~40cm 土壤为碱化土壤

（$ESP>15\%$）。为保证灌水淋洗效率以及减少原有地形、地貌及植被条件可能对试验结果造成的影响，试验开始前人工将区域内的野生芦苇和碱蓬进行了清理，并采用了人工机械平地使地面高程偏差小于 5cm。

试验于 2010 年 8 月—2012 年 9 月进行，设置脱硫副产物施用量和淋洗量两种处理因素。脱硫副产物取自内蒙古自治区巴彦淖尔市临河热电厂，其有效石膏含量（$CaSO_4 \cdot 2H_2O$）为 89%，并含有少量 $CaCO_3$，$Mg(OH)_2$ 和灰分等杂质。脱硫副产物基本性质见表 2.2。

表 2.1　　　　　　　　　　　试验区土壤物理化学性质背景值

深度/cm	容重 /(g/cm³)	田间持水率/%	砂粒/%	粉粒/%	黏粒/%	土壤质地	土壤层次	pH	含盐量 /(g/100g)	ESP/%
0～10	1.61	27.2	35.8	61.8	2.4	粉壤土	Ap1	9.1	0.974	66.6
10～20	1.60	25.5	36.8	60.5	2.7		Ap2	9.0	0.241	36.8
20～40	1.53	22.4	30.5	66.7	2.8		Bn1	8.6	0.119	36.0
40～60	1.49	22.6	14.7	82.6	2.7	粉土	Bn2	8.0	0.104	14.7
60～80	1.48	—	13.5	83.6	2.9			7.9	0.103	21.6
80～100	1.48	—	13.3	84.6	2.1			7.9	0.101	11.8

深度/cm	ES /(cmol /kg)	CEC /(cmol /kg)	CO_3^{2-} /(cmol /kg)	HCO_3^- /(cmol /kg)	Cl^- /(cmol /kg)	SO_4^{2-} /(cmol /kg)	Ca^{2+} /(cmol /kg)	Mg^{2+} /(cmol /kg)	Na^+ /(cmol /kg)	K^+ /(cmol /kg)
0～10	4.65	6.98	0.13	0.78	6.80	3.05	0.10	0.25	14.13	0.10
10～20	2.64	7.17	0.10	0.90	1.00	0.70	0.10	0.10	3.05	0.05
20～40	1.65	4.59	0.05	0.60	0.25	0.25	0.20	0.20	1.20	0.00
40～60	1.19	8.08	0.00	0.60	0.70	0.10	0.15	0.05	1.05	0.05
60～80	1.35	6.25	0.00	0.50	0.50	0.10	0.10	0.10	1.10	0.00
80～100	0.65	5.51	0.00	0.40	0.60	0.25	0.10		1.10	0.00

注：1. ESP 为碱化度（Exchangeable Sodium Percentage）。

　　2. ES 为代换性钠含量（Exchangeable Sodium）。

　　3. CEC 为阳离子代换量（Cation Exchange Capacity）。

表 2.2　　　　　　　　　　　脱硫副产物基本性质

样本	pH	电导率 /(dS/m)	非结合水/%	$CaSO_4 \cdot 2H_2O$/%	$CaCO_3$/%	$Mg(OH)_2$ /%	灰分及杂质/%
脱硫副产物	7.59	3.2	6.6	89.0	3.2	0.7	0.5

注：pH 和电导率在样品和水比率为 1∶5 条件下测定；非结合水量由样本自然状态下 15d 后测定。

脱硫副产物施用量处理（G）水平设置为改良 20cm 土体脱硫副产物计算施用量（G_1），改良 40cm 土体脱硫副产物计算施用量（G_2）和不施用（G_3）。施用量计算方法[137]为

$$FGR = 96 \times 10^{-3} \times (ES - kES) \times H \times \gamma \tag{2.1}$$

式中 FGR——脱硫副产物施用量，t/hm^2；

ES——改良土层代换性钠含量，$cmol/kg$；

k——代换性钠容许系数，取值10%；

H——改良土层厚度，cm；

γ——改良土层干容重，g/cm^3。

经计算三种施用量处理分别为：低施用量处理 G_1，$10.1t/hm^2$；高施用量处理 G_2，$14.5t/hm^2$；不施用处理 G_3，$0t/hm^2$。

通过淋洗配合施用脱硫副产物改良碱化土壤可提供适宜的离子代换环境，并将多余的 Na^+ 和其他盐分淋洗出表层土体，从而降低表层土壤盐分及碱化度。本书中，淋洗水采用河套灌区的渠道自流灌溉水，淋洗水量计算为

$$W = FC \times H_1 \times \gamma \tag{2.2}$$

式中 W——每次淋洗所需水量，t/hm^2；

FC——目标淋洗土层的田间持水量，%；

H_1——目标淋洗土层深度，cm；

γ——目标淋洗土层干容重，g/cm^3。

本书淋洗水量处理水平分别设置为淋洗40cm土体的低淋洗量处理（W_1，$1.52 \times 10^3 t/hm^2$），淋洗60cm土体的高淋洗量处理（W_2，$2.20 \times 10^3 t/hm^2$）和无淋洗处理（W_3，$0t/hm^2$）。各3水平的2组处理因素形成综合处理4组，同时施用脱硫副产物和进行淋洗：G_1W_1，G_1W_2，G_2W_1 和 G_2W_2，单一处理4组，仅施用脱硫副产物：G_1W_3 和 G_2W_3；或仅进行淋洗：G_3W_1 和 G_3W_2 和空白对照处理，不施用脱硫副产物且不淋洗：G_3W_3 共9个处理。每个处理另设2个重复，共设置27个试验小区［图2.1（a）］进行试验。处理采用随机布置［图2.1（b）］。为确保灌溉、淋洗和排水条件通畅，各试验小区设置为长13m、宽10m的矩形区域，各小区之间以顶宽1.5m、底宽0.5m、深0.7m的沟道隔开以减少处理间影响，同时配套设计了渠道、进水闸和退水闸。

2.2.2 田间管理

脱硫副产物于2010年8月20日通过人工称重后均匀撒施在地表，用柴油拖拉机带旋耕犁对小区表层土壤进行翻耕，将脱硫副产物与20cm深度土壤充分混合。混合完成后引渠道水对小区进行第一次淋洗，淋洗水量通过量水堰进行控制。淋洗完成后将沟道内的剩余水排出试验区域。当年10月8日，按照河套灌区常见的灌溉管理措施对各小区进行秋浇，水量定为 $1.8 \times 10^3 t/hm^2$。2011年4月20日进行第二次淋洗处理。淋洗前用旋耕犁对土壤进行翻耕，促进淋洗过程，之后全年休耕。2011年10月10日各小区进行秋浇，秋浇水量 $1.8 \times 10^3 t/hm^2$。2012年4月25日进行第三次淋洗处理。2012年5月初在各小区种植食用向日葵，用于测定作物生长特征。食葵籽种采用美国进口食葵种子 RH3146-S，生育期100d左右，正常成熟植株高175cm。播种时采用覆膜播种，每亩覆膜量约为3kg。播种行距40cm，株距20~40cm，每穴播种1粒，播深2~3cm，用沙土覆盖。各小

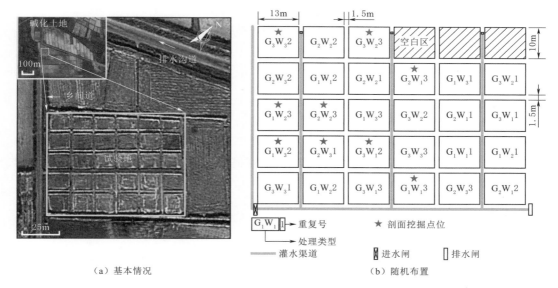

（a）基本情况　　　　　　　　　　　　　　　　（b）随机布置

图 2.1　试验区概况与设计

区播量约为 475～485 株；出苗时间约为 4～7d。参考当地种植经验施加肥料，底肥种类包括二铵和尿素，每亩二铵施用量为 30kg，尿素 5kg。根据河套地区的供水时间，在 2012 年 7 月上旬对葵花进行灌溉时每亩补施尿素 25kg。试验区布置与管理如图 2.2 所示。

（a）按处理撒施脱硫副产物　　　　　　　　　（b）小区布置

（c）试验区种植向日葵　　　　　　　　　（d）试验小区取样区、种植区划分

图 2.2　试验区布置与管理

2.3　土壤化学性质与作物生长情况监测

2010—2012 年间定期对土壤化学性质进行检测。每次检测在各小区的取样区内，使用大土钻取三个样点 0～20cm、20～40cm、40～60cm、60～80cm 和 80～100cm 深度上的土样并分层混合，形成 5 个样本。全部 27 个小区共每次检测形成 135 个样本。考虑到样本数量较多、检测费用较高、土壤化学性质在一段时间内较稳定且河套地区土壤封冻期较长等因素，本书采样主要在作物生育期间，且在淋洗或者灌溉后 15～20d 进行样品采集，并尽可能保证每次采样间隔时间相同。2010—2012 年间分别于 2010 年 8 月 12 和 11 月 22 日，2011 年 5 月 16 日、7 月 4 日、8 月 30 日以及 2012 年 5 月 14 日、7 月 3 日、8 月 20 日和 11 月 20 日共 9 次进行了土壤样品采集。2012 年 10 月秋浇以前将各小区食葵收获并进行测定。气象资料由五原县气象局提供，区域地下水位由五原县义长试验站在距离试验地 20m 的长期地下水观测井每 10d 一次采集获得。

2.4　土壤理化性质和作物指标测定方法

本书涉及的参数测定包括化学、物理和作物（向日葵）等指标的测定。其中，土壤化学参数的测定主要委托巴彦淖尔市水土环境监测中心进行，土壤物理参数通过在实地采集原状土样妥存后带回试验室进行测定，作物参数测试与五原县义长试验站研究人员共同配合完成，2012 年种植食葵期间，在测定完出苗率后，每个小区选择代表性食葵 10 株跟踪测定包括株高径粗叶面积及根系等指标。主要的测试方法[138]详列如下：

1. 化学参数的测定

（1）阴离子测定包括：CO_3^{2-} 和 HCO_3^- 测定方法——双指示剂中和滴定法；Cl^- 测定方法——硝酸银滴定法；SO_4^{2-} 测定方法——EDTA 间接络合滴定法。

（2）阳离子的测定包括：K^+ 和 Na^+ 的测定方法——火焰光度法；Ca^{2+} 和 Mg^{2+} 的测定方法——EDTA 滴定法。

（3）全盐量的测定方法——采用电导法。

（4）土壤阳离子代换量的测定方法——乙酸铵交换法；代换性钠离子含量的测定方法——醋酸铵-氢氧化铵火焰光度法；土壤碱化度（ESP）为代换性钠离子与土壤阳离子代换量的比值。

2. 物理参数的测定

（1）土壤容重的测定方法——环刀法。

（2）田间持水量的测定方法——田间法。

（3）饱和含水率的测定方法——环刀法。

3. 作物（向日葵）参数测定

（1）株高用米尺测定。

（2）径粗用游标卡尺测定。

（3）叶片面积：长×宽×系数（系数为 0.8）。

（4）植株鲜重、干重用天平测定。

（5）根系采用整体提取的方法，其鲜重、干重用天平测定。

2.5　土壤团聚体分布和稳定性

2.5.1　团聚体样品采集方法

2012 年 8 月下旬，选取各处理 3 个重复里向日葵长势中等的小区，挖取深 1m 的土壤剖面进行原状样品采集（剖面位置如图 2.1 所示）。在各剖面 0～10cm，10～20cm，20～40cm 和 40～60cm 深度土层用取样刀整体切割土体采集原状土样，各层采样量约为 700g。自然风干后去除植物残体及其他异物，并将大土块按照自然裂痕掰分为 1cm³ 左右小块进行干筛分析。另外，使用土壤容重和饱和导水率（K_{sat}）测定标准环刀，在各剖面 0～10cm，10～20cm，20～40cm 和 40～60cm 深度土层分别取 3 个原状土样后妥善保存带回室内进行土壤容重和饱和导水率的测定。此外，还采取了土壤化学组分所需要的样品。

2.5.2　团聚体特性测定方法

非水稳定性团聚体测定采用干筛法。实验前各层土样分三份进行测定，每份为 200g（精确到 0.01g），使其通过直径为 20cm，孔径由上至下顺序为 10mm、7mm、5mm、3mm、2mm、1mm、0.5mm 和 0.25mm 的一组套筛，并加盖防止振动洒落同时底部有筛盘收集 0.25mm 以下直径的团聚体。用振荡式机械筛分仪在标准功率下振荡 2min 进行筛分，分别得到直径大于 10mm、10～7mm、7～5mm、5～3mm、3～2mm、2～1mm、1～0.5mm、0.5～0.25mm 和小于 0.25mm 的土壤团粒，对各级筛网上的土样分别收集和称重，计算各级干筛团聚体占总土样的百分比。

水稳性团聚体测定采用湿筛法，按照干筛各级别团聚体的质量比例配成 50g 风干土样，并将土样放入 1L 平口沉降筒中，沿筒壁缓缓加入去离子水至饱和并等待 10min，然后将饱和土样转移至装满去离子水水桶的套筛（孔径依次为 5mm、2mm、1mm、0.5mm 和 0.25mm）的顶部，将筛组整体在水中慢慢提起然后下降，升降幅度为 3～4cm 且保持上层的筛子不露出水面。处理 5min 后提出套筛，并将留在各级筛子上的样品小心洗入铝盒，低温烘箱烘干并在空气中平衡 2h 后称重得到湿筛后各级团聚体的百分含量。

2.5.3　团聚体研究指标

为表征团聚体分布状况和稳定性，van Bavel[41]基于所有尺寸团聚体加权求和值，提出了平均重量直径（Mean Weight Diameter，MWD）的计算法；Gardner[42]认为团聚体分布服从对数正态分布，并基于此提出了几何平均直径（Geometric Mean Diameter，GMD）参数。上述两个指标被广泛应用于团聚体特征的研究中。此外，团聚体的粒级分布被认为具有明显的分形特征，因而分形维数（Fractal Dimension，D）也被用于描述团聚体的分布状态[139]。而粒径大于 0.25mm 的干筛、湿筛土壤团聚体数量亦是评价土壤团聚体状况的关键指标。

令 W_i 为 i 粒级团聚体比例重量，干筛和湿筛计算分别为

$$w_i = \frac{W_{di}}{100} \times 100\%\tag{2.3}$$

$$w_i = \frac{W_{wi}}{100} \times 100\%\tag{2.4}$$

利用各粒级团聚体数据，计算平均重量直径（MWD），几何平均直径（GMD）和大于 0.25mm 团聚体 $R_{0.25}$。

$$MWD = \frac{\sum\limits_{i=1}^{n}(\overline{x_i} w_i)}{\sum\limits_{i=1}^{n} w_i}\tag{2.5}$$

$$GWD = E \times p\left(\frac{\sum\limits_{i=1}^{n} w_i \ln \overline{x_i}}{\sum\limits_{i=1}^{n} w_i}\right)\tag{2.6}$$

$$R_{0.25} = \frac{M_{r>0.25}}{M_T} = 1 - \frac{M_{r<0.25}}{M_T}\tag{2.7}$$

其中，令干筛与湿筛后大于 0.25mm 的团聚体分别为 $DR_{0.25}$ 和 $WR_{0.25}$。

团聚体分形维数采用杨培岭等[59]提出的公式，即

$$M(r<\overline{x_i})/M_T = \left(\frac{\overline{x_i}}{x_{\max}}\right)^{3-D}\tag{2.8}$$

对式（2.8）两边取对数，可得

$$\lg[M(r<\overline{x_i})/M_T] = (3-D)\lg\left(\frac{\overline{x_i}}{x_{\max}}\right)\tag{2.9}$$

基于式（2.9）通过数据拟合可求得团聚体分形维数 D。

其中 $\overline{x_i}$ 为某级团聚体平均直径，$M(r<\overline{x_i})$ 为粒径小于 $\overline{x_i}$ 的团聚体的重量，M_T 为团聚体总重量，$x_{\max}$ 为团聚体最大粒径。

2.6　土壤颗粒粒径分布、分形与多重分形参数提取

2.6.1　土壤颗粒样品采集方法

2012 年 8 月下旬，在所有小区内的取样区用洛阳铲取 0~10cm、10~20cm、20~40cm 和 40~60cm 深度土样各 3 个（均为 200g），分层混合后各小区形成 4 个深度上的共 4 个土样。全部小区共产生 108 个土样供试。由于小区处理采用了随机布置，可在一定程度上降低空间变异对于各处理粒径分析结果的影响[76]。

2.6.2　土壤颗粒样品处理方法

本书中，供试土样的粒径分析在中国农业大学资源与环境学院土壤物理实验室进行，试验仪器为英国马尔文公司 MasterSizer 2000 型激光粒度分析仪，搅拌器速度 2500r/min，遮光范围 10%～20%。该粒度仪的测量范围为 0.02～2000μm，共可得 100 个不同粒级的土壤颗粒含量资料。

前处理时，土样风干去除根系和枯落物后过 2mm 筛。取土样 0.3～0.4g 装入三角瓶，加入 10mL 浓度为 10% 的 H_2O_2，在沙浴上加热使其充分反应并完全去除样品中的有机质。完成后，加入 10mL 浓度为 10% 的 HCl 煮沸去除碳酸盐。将三角瓶注满去离子水并静置 12h 后，抽去上清液后加入 10mL 浓度为 0.05ml/L 的六偏磷酸钠分散剂。用超声波清洗机振荡 10min 后使用该仪器进行测量[74]。

2.6.3　土壤粒径分形参数提取

2.6.3.1　土壤粒径分布单分形维数 D 的提取

已有研究表明，小于某一特征粒径 R 的土壤颗粒的体积与粒径间的联系[55]为

$$\frac{V(r<R_i)}{V_T} = \left(\frac{R_i}{R_{max}}\right)^{3-D} \tag{2.10}$$

R_{max} 为最大土壤颗粒粒径，V_T 为所有颗粒总体积，对式（2.10）两边取对数可得

$$\lg\left[\frac{V(r<R_i)}{V_T}\right] = (3-D)\lg\left(\frac{R_i}{R_{max}}\right) \tag{2.11}$$

分别以 $\lg\left[\frac{V(r<R_i)}{V_T}\right]$、$\lg\left(\frac{R_i}{R_{max}}\right)$ 为纵、横坐标，可以看出 $3-D$ 是该拟合直线的斜率，因此，用线性回归分析方法即可确定分形维数 D。

2.6.3.2　土壤粒径分布多重分形参数的提取

本书中激光粒度仪的测量区间 $I=[0.02，2000]$。实际中碱化土壤缺少在极小粒径组和极大粒径组的颗粒分布，参考粒径分布范围，在选取多重分形计算区间时选择 $I=[0.502，796.21]$，其分析结果是各粒径段的相对应的土壤颗粒的体积百分含量，即 v_1，v_2，…，v_{65}，$\sum_{i=1}^{65} v_i = 100$，相对应于个粒径段 $I_i=[\varphi_i，\varphi_{i+1}]$，$i=1$，2，3，…，65，$v_i$ 表示粒径在粒径段 I_i 内的土壤颗粒的体积百分数，φ_i 为激光粒度仪测得的粒径。根据多重分形谱计算要求，在测定区间 $I=[0.502,796.21]$ 内，$\lg(\varphi_{i+1}/\varphi_i)$ 需为一个常数，令 $\varphi_i=\lg(\varphi_i/\varphi_1)$，$j=1$，2，…，65，由此构造一个新的无量纲区间 $J=[0，3.2]$，其中有 65 个等距离的子区间 $J_i=[\varphi_i，\varphi_{i+1}]$，$i=1$，2，…，65。

在区间 J 中，有 $N(\varepsilon)=2^k$ 个相同尺寸 $\varepsilon=3.2\times2^{-k}$ 的子区间，各子区间里应至少包含一个测量值。考虑到本研究中各土样的小粒径黏粒含量均较低，故本书令 k 的取值范围为 1～4 来划分子区间，因此区间大小依次是 1.6，0.8，0.4 和 0.2。$p_i(\varepsilon)$ 为每个子区间土壤粒径分布的概率密度（百分含量）V_i 的加和，其中 $V_i=v_i/\sum_{i=1}^{65} v_i$，$i=1$，2，…，

$65，\sum\limits_{i=1}^{65} V_i = 1$。利用 $p_i(\varepsilon)$ 构造出配分函数族 $u_i(q,\varepsilon)$，表示为

$$u_i(q,\varepsilon) = \frac{p_i(\varepsilon)^q}{\sum\limits_{i=1}^{N} p_i(\varepsilon)^q} \tag{2.12}$$

$u_i(q,\varepsilon)$ 为第 i 个子区间的 q 阶概率（q 为实数），$\sum\limits_{i=1}^{N} p_i(\varepsilon)^q$ 是对所有子区间的 q 阶概率求和。则粒径分布的多重分形的广义维数谱 $D(q)$ 为

$$D(q) = \lim_{\varepsilon \to 0} \frac{1}{q-1} \frac{\lg\left[\sum\limits_{i=1}^{N(\varepsilon)} p_i(\varepsilon)^q\right]}{\lg\varepsilon} \tag{2.13}$$

当 $q = 1$ 时，

$$D(q) = \lim_{\varepsilon \to 0} \frac{\sum\limits_{i=1}^{N(\varepsilon)} p_i(\varepsilon)\lg(\varepsilon)}{\lg(\varepsilon)} \tag{2.14}$$

通过广义维数谱可以计算得到质量指数函数 $\tau(q)$，

$$\tau(q) = (q-1)D(q) \tag{2.15}$$

当 q-$\tau(q)$ 曲线呈现出非线性变化特征时，可认为该测度在空间上具有多重分形特征；反之，则为单一分形[140]。

多重分形奇异性指数 $\alpha(q)$ 为

$$\alpha(q) = \lim_{\varepsilon \to 0} \frac{\sum\limits_{i=1}^{N(\varepsilon)} u_i(q,\varepsilon)\lg p_i(\varepsilon)}{\lg(\varepsilon)} \tag{2.16}$$

对应 $\alpha(q)$ 的多重分形谱函数 $f[\alpha(q)]$ 为

$$f[\alpha(q)] = \lim_{\varepsilon \to 0} \frac{\sum\limits_{i=1}^{N(\varepsilon)} u_i(q,\varepsilon)\lg u_i(q,\varepsilon)}{\lg(\varepsilon)} \tag{2.17}$$

本研究中，q 值步长为 0.5，$-10 \leqslant q \leqslant 10$。由式（2.14）、式（2.16）和式（2.17）通过最小二乘拟合可分别得到土壤粒径分布的多重分形广义维数谱 $D(q)$、多重分形奇异性指数 $\alpha(q)$ 以及多重分形谱函数 $f[\alpha(q)]$ 及相关参数。本研究中主要使用的多重分形维参数包括反映了颗粒分布测度集中度的信息熵维数 D_1，描述粒径分布测量间隔上均匀度的关联维数 D_2。另外，多重分形谱数 α_0 代表了整个多重分形结构奇异强度的平均值[75]，而多重分形谱 $\alpha_{\max}$、$\alpha_{\min}$、$\alpha_{\max} - \alpha_0$、$\alpha_0 - \alpha_{\min}$ 参数则反映了多重分形结构的形状和对称性[140]。

2.7　田间供试土壤二维孔隙特征参数提取

2.7.1　样品处理与扫描

　　试验设计与原状土取样位置如图 2.1 所示。本研究中，在选取的 9 个土壤剖面的 10cm、20cm、40cm 和 60cm 深度上，用直径 4cm，高 0.9cm，壁厚 2mm 的不锈钢环刀采取了原状土样。每层深度上两个样本。采集前，在环刀内壁上涂抹凡士林。采集时将环刀轻轻压入土体，采取整个土块后用小刀对环刀上下端多余的土切除并平整，之后将土样用保鲜膜包裹好，放入有海绵块充实的样品盒内密封并带回实验室进行分析，整个过程中尽量避免了外界扰动对土体的影响。

　　CT 扫描过程在中国科学院古人类与古脊椎动物研究所进行。扫描设备为由中国科学院高能物理研究所研制的 X 光高精度计算机层析设备（225kV Micro CT）。样品工作电压 130kV，工作电流 100μA。实验前，将自然状态下的土样小心地从环刀中取出，5 个一起堆叠起来后用胶带在 X 光观测台上固定好位置，以保证扫描光面与圆柱形土样的中心轴相垂直且有效降低实验成本。5 个土样共形成 1538 张连续的横断面图，图片为 2048×2048 像素。图片的垂直和横向分辨率均为 33.8μm。本研究选取了每一个土样距土样顶端 3mm 和 6mm 的横断面图进行二维孔隙特征分析。其余横断面在后续被用作三维孔隙重建。

2.7.2　孔隙参数的提取

　　图像处理及参数提取流程如图 2.3 所示。提取软件采用主流的 CT 图像分析软件

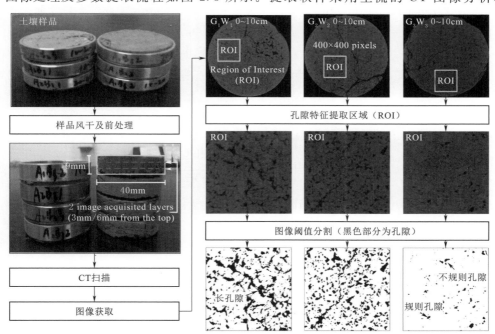

图 2.3　图像处理及参数提取过程

Image Pro Plus。考虑到有限的计算机计算能力，选用了（400×400）pixel^2 正方形区域作为特征域进行孔隙特征提取。特征域在选取时避开了明显的裂隙和样本边缘以减少包括射线硬化在内的一系列外在影响。特征域选取后对灰度图像进行了二值化处理。虽然现阶段对于土壤样本 CT 图像二值化处理方法的研究较多，但尚未形成标准的方法[99]。本书通过人工比对法[141-142]对灰度图进行了二值化处理，同时邀请了专业的图像处理人员和研究者对处理结果进行了评价，以确保得到准确的孔隙区分。本研究中所提取的二维孔隙参数包括孔隙面积、周长、直径以及孔隙度。根据不同二维孔隙度的等量直径，本研究将二维孔隙分为大孔隙（Macropore，等量直径大于 $500\mu m$）、中孔隙（Mesopore，等量直径 $100 \sim 500\mu m$）以及小孔隙（Micropore，等量直径 $33.8 \sim 100\mu m$）。孔隙度由孔隙面积除以总分析域面积得到[143]。孔隙形状参数由软件计算得到，根据孔隙形状参数对二维孔隙进行分类，分别为规则孔隙（Regular pores，孔隙形状参数 $1 \sim 2$），不规则孔隙（Irregular Pores，孔隙形状参数 $2 \sim 5$）以及长孔隙（Elongated Pores，孔隙形状参数大于 5）[78, 144]。另外，本研究使用了 Perrier 等[145]制作的多重分形工具计算了可以指代孔隙分布复杂性的二维孔隙分形维数 D。

2.8　田间供试土壤三维孔隙特征参数提取

CT 扫描所使用的原状土样和二维图像提取方法同上。本节重点说明土壤三维孔隙信息的提取和分析方法。土壤孔隙结构的界定、重构和定量化在美国宾夕法尼亚州立大学定量化分析中心（Center for Quantitative X-ray Imaging，CQI）进行。本研究使用广泛应用于材料三维结构重构的软件——Avizo Fire version 7（Mercury Computer System，Chelmsfold，MA），并使用了开源软件 Fiji ImageJ 辅助进行图像处理。为减少意外的扰动，X-ray 硬化对图像分析产生不可预判的影响以及避开样品内外天然或人为产生的大裂隙，本书在各土样受扰动较小的靠近中心区域，选取了（$400 \times 400 \times 150$）$\text{pixel}^3$ 的特征土体（约为 1057.5 mm^3）进行分析。三维重构前，采用中值滤波平滑图像并去噪[97]。为确保合理地区分孔隙与土壤介质，图像分割经由反复调试比对并通过专家指导后确定分割阈值，分割后的图像通过 Avizo 软件重构图（图 2.4）。通过软件可计算孔隙的三维孔隙体积、数量、长度、表面积和空间形态等参数。由于目前尚未有研究对于三维孔隙的类型进行准确而具有共识的定义，本书假定土壤孔隙均为圆柱状，通过软件提供的孔隙体积 V_{3d} 和孔隙长度 l_{3d} 计算孔隙等量直径 D_{3d} 为

$$D_{3d} = 2\sqrt{\frac{V_{3d}}{\pi l_{3d}}} \tag{2.18}$$

界定 $D_{3d} > 500\mu m$ 孔隙为大孔隙（Macropore），$D_{3d} > 100\mu m$ 且 $D_{3d} < 500\mu m$ 的孔隙为中孔隙（Mesopore），而 $D_{3d} < 100\mu m$ 的孔隙为小孔隙（Micropore）。为减少低图像分辨率和图像噪声对孔隙定量化的影响，本文中讨论的所有孔隙的空间体积均大于 10 体素（voxel）。基于上述设定，本文分别计算了大、中和小孔隙的孔隙数量、孔隙体积和总孔

隙长度。

　　土壤孔隙在三维空间上的形态与土体内水分、气体运动亦具有紧密的联系[146]，因此有必要描述土壤孔隙的形态参数。孔隙骨架化（Skeletonization）通过迭代计算可以提取出孔隙的中心线，因而可以精确地判断孔隙的空间走向、扭曲度和孔隙自身结构构成[129]。本书利用 AvizoFire Verison 7 软件中的 Skeletonization 模块对三维重构后的土壤孔隙结构进行处理，得到土壤孔隙骨架。通过土壤孔隙骨架特征，可以计算包括孔隙扭曲度和孔隙分叉点数量。此处定义任何单一孔隙段的端点直线距离为 L_s，实际孔隙段长度为 L_a，则单一孔隙段的扭曲度 τ 可定义为

$$\tau = \frac{L_a}{L_s} \tag{2.19}$$

　　考虑到每一个孔隙网络均是由一个或多个单一孔隙段构成，则孔隙网络的扭曲度 $\bar{\tau}$ 可定义为所有孔隙骨架端点直线长度与所有孔隙骨架空间实际长度的比值，即

$$\bar{\tau} = \frac{\sum\limits_{i=1}^{n} L_{ai}}{\sum\limits_{i=1}^{n} L_{si}} \tag{2.20}$$

式中　i——孔隙段标号；

　　　　n——总孔隙段数量。

$\bar{\tau}$ 越大，孔隙网络扭曲程度越高。

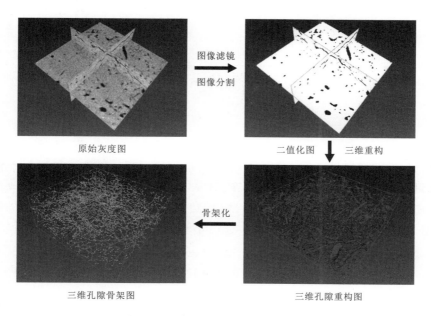

图 2.4　土壤三维孔隙重构主要流程

　　另外，所有孔隙网络在单位体积土体内的总长度被定义为孔长密度，孔隙分叉点定义

为单个孔隙上不同分支的交汇点。孔隙分叉点的数量描述了孔隙发育的特性[129]。根据单个孔隙骨架在垂直于水平线方向的夹角，本书界定夹角为 0°～45° 的孔隙为垂直孔隙，而夹角为 45°～90° 的孔隙为水平孔隙，用以描述不同空间走向孔隙的数量和体积。

2.9　室内不同质地碱化土壤改良试验

2.9.1　样品采集与处理

被测土样分别采自内蒙古自治区巴彦淖尔市白脑包乡（N 41°2′4″，E 107°21′55″，粉土，样品分别为 BNB1 和 BNB2），五原县（N 41°2′20″，E 108°09′16″，粉壤土，样品名称分别为 WY1 和 WY2）和八一乡隆盛村（N 41°1′23″，E 107°34′14″，砂壤土，样品名称分别为 LS1 和 LS2），取表层原状土样。取样容器为薄壁 PVC 圆管，内径 7.5cm，管长 13cm，土样高度 10cm。每个质地土样选择 2 个土柱进行观测。为避免对原状土壤的过分扰动，取样时小心地将 PVC 管按压至土体以内（由于取样期间土壤较湿润，故未使用橡皮锤等外力工具），确认土样达到指定深度后，将管壁周围的土刨开后把 PVC 管挖出，并用小刀削掉管底端的多余土样。为尽量维持土壤原始状态并减少土样在运输过程中的震动挤压，管内超高部分用海绵块填充后，用保鲜膜和包装纸将样品整体包裹后放入充填海绵的运输箱内，运回实验室后妥善保存。

另外，在相同取样位置用标准环刀取土壤容重和饱和导水率原状土样，带回实验室进行指标的测定。此外还采取了扰动样品测定土壤的颗粒组分与化学组成。受试原状土基本性质见表 2.3。

表 2.3　　　　　　　　　　　受试原状土基本性质

处理名称	土壤质地	容重/(g/cm³)	孔隙度/%	饱和导水率/(mm/d)	砂粒/%	粉粒/%	黏粒/%	pH	碱化度/%	含盐量/(g/kg)
BNB	粉土	1.57	40.5	0.3	9.3	87.5	3.2	8.4	43.3	6.7
LS	砂壤土	1.60	39.7	116.2	65.1	33.5	1.4	8.0	35.6	7.9
WY	粉壤土	1.47	44.6	2.5	42.7	55.5	1.8	8.2	49.7	9.6

试验开始前，所有原状 PVC 土样均在中国科学院古人类与古脊椎动物研究所进行 CT 扫描。扫描设备为由中科院高能物理研究所研制的 X 光高精度计算机层析设备（225kV Micro CT）。样品工作电压 130kV，工作电流 90μA。样品经由支架和胶带固定在 CT 扫描盘上，防止观测时发生移位。观测时，包裹的样品放在观测台上以 0.1°/s 的转速匀速转动 360°，观测高度约为 10cm，观测结束时形成 1563 张堆叠的 2048×2048 像素的横断面图像（slices）。本研究中的垂直和平面分辨率均为 63μm。考虑到土样表层和底层或受人为扰动和试验处理影响较多，本研究选择由土体中部第 100～1300 张图像（共 1200 张，观测土体约 7.56cm 高）进行二维、三维图像分析。

扫描完毕后，所有样品被妥善带回实验室进行改良处理。所有样品杯固定在自制的

PVC 装置上，自下而上供水一段时间使管内的土体达到饱和。待土体表面湿润后，在样品表面均匀撒施脱硫副产物 3g［计算方法同式（2.1）］，对样品使用马氏瓶保持 3cm 固定水头的自上而下淋洗。参考预实验和相关文献[147]的淋洗量，本研究中以土样淋出液超过三孔隙体积作为改良结束点，之后放置至土壤含水量与初始含水量相同时进行第二次 CT 扫描。试验期间保持对淋出液 pH 和电导率的监测。试验于 2012 年 7 月 25 日开始，三种不同土壤质地土柱经过三孔隙体积水淋洗的时间不同。所有土柱在达到初始含水量之后，再次进行 CT 扫描，扫描过程与方式与第一次扫描相同。

2.9.2　三维孔隙参数的提取

　　土壤孔隙结构的界定、重构和定量化分析在美国宾夕法尼亚州立大学定量化分析中心（Center for Quantitative X - ray Imaging，CQI）进行。为对所得图像进行必要的前处理，本研究使用了开源软件 Fiji ImageJ 对二维堆叠图像进行包括特征域选取，滤镜去噪和阈值分割。特征域的选取决定了所计算的结果对于整体（尤其是大尺度）结果的代表性。多数研究者为了减少包括意外扰动、X - ray 硬化以及边界效应对图像分析产生的不可预判的影响，选取靠近中心区域的特征域进行研究，但是不同特征域大小观测结果对于整体结果的代表性尚无定论。本研究选取了各横截面上 800×800pixel² （25.4cm²），500×500pixel² （9.9cm²），300×300pixel² （3.6cm²）和 200×200pixel² （1.6cm²）区域（图 2.5）来对比研究各不同尺寸特征域的二维、三维孔隙结构参数。所有选取的二维堆叠图像均采用中值滤镜（模糊半径 2 像素）以平滑图像并去噪。为确保合理地区分孔隙及土壤

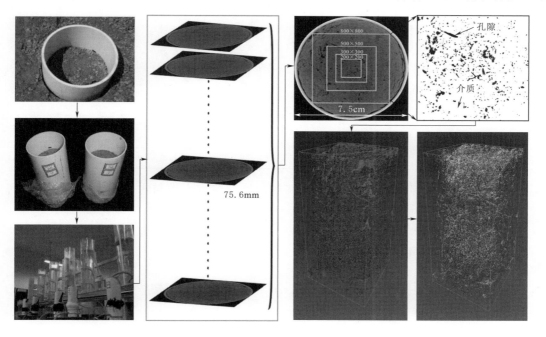

图 2.5　土柱处理及三维孔隙重建过程

介质，阈值分割过程对 Fiji ImageJ 软件内置的包括 Isodata、Entropy、Moments 等十余种阈值分割方法计算并比较结果，通过专家指导后选取了 Isodata 法[99]对所有二维图像进行阈值分割。

土壤三维结构重构以及参数提取所使用的软件为 Avizo Fire Verison 7（Mercury Computer System，Chelmsfold，MA）。通过软件可提取包括三维孔隙的体积、长度、表面积和空间形态等参数，包括土壤三维孔隙的孔隙度、等量孔隙直径（基于孔隙均为圆柱体的假设）、孔隙长度与孔隙弯曲度等指标。各指标的计算方法同第 2.8 节。

2.10　数　据　分　析

考虑到农田的耕作要求情况和试验成本，本书仅在 9 个有处理代表性的小区挖取了土壤剖面，并在观测深度上采取了土壤团聚体和孔隙 CT 分析用原状土壤样本。因此，为保证数据分析的合理有效性且能整体分析改良措施对于土壤团聚体和孔隙参数的影响，所有处理被归为三个处理类型。

（1）综合处理（Combined treatments），即处理既包含脱硫副产物施用也包含额外的淋洗措施，包括 G_1W_1、G_1W_2、G_2W_1 和 G_2W_2 处理。

（2）单一处理（Single treatments），即处理仅包含脱硫副产物施用（如 G_1W_3 和 G_2W_3）或仅包含额外的淋洗（如 G_3W_1 和 G_3W_2）。

（3）空白对照处理（CK），即未施用脱硫副产物也未进行额外淋洗的处理（G_3W_3）。

广义线性模型（GLM）被用于分析不同处理类型对团聚体、二维和三维孔隙参数的影响，而各处理类型内的分处理的差异均被认为是随机效应。土壤化学性质、作物生长特性和颗粒粒径分布的样品在所有 27 个小区内提取，因此改良处理对上述指标的影响应用广义线性模型进行分析。方差分析采用多重比较最小显著性差异（LSD）法，方差置信水平为 95%。相关性分析采用 Pearson 相关系数法，显著性水平 $p < 0.05$。所有数据分析均使用 PASW Statistics 18.0（IBM）软件完成。

第 3 章

改良方式对碱化土壤化学性质及作物的影响

土壤碱化过程是由于土壤盐分含量较高导致了土壤胶体中吸附了过量的代换性钠离子，造成了土壤黏粒的扩散和膨胀，使得土壤物理性质恶化；而当土壤溶液中含有大量的碱性离子如 CO_3^{2-} 和 HCO_3^- 时，代换性钠离子进入土壤胶体的能力最强，因而通常碱化土壤有较高的 pH。因此，土壤碱化度 ESP、pH 和含盐量（或电导率 EC）通常被认为是反映土壤碱化性质的重要指标[148]。三项指标值越高，土壤碱化程度越强。当盐碱程度超出作物正常生长的允许范围时，将会对作物造成生理或生态伤害，其主要原因是盐碱过多时作物根系吸水困难产生"生理干旱"，进而造成植株矮小细弱，叶片数量、叶面积降低和产量下降[149]。理论上，施用脱硫副产物通过向碱化土壤提供二价阳离子 Ca^{2+} 来置换土壤胶体上的 Na^+ 并中和碱性离子，进而减少土壤的碱性成分，降低土壤碱化度 ESP 和 pH。同时，高价阳离子能够降低土壤胶体表面因负电荷互相排斥而产生的电位势，有利于土壤胶体相互吸附和凝聚，促进土壤团粒结构的形成，进而对土壤结构产生影响。可以认为，研究改良条件下碱化土壤 ESP、pH 和 EC 的变化是评价土壤结构优劣的重要内容。

国内外的学者通过大量的室内土柱试验、盆栽试验以及田间试验证明了在碱化土壤中施用脱硫副产物可以有效改善碱化土壤的化学性质[11]。王金满等[24]在内蒙古自治区河套灌区种植向日葵研究发现通过施加脱硫副产物和淋洗，强度碱化土和碱化土 ESP、pH、含盐量都得到了降低，向日葵各项生理指标也随之增加。罗成科等[150]在宁夏回族自治区研究了脱硫副产物对中度苏打盐碱土改良的影响，结果表明施用脱硫副产物使土壤碱化度和 pH 显著降低，但却使土壤含盐量增加，其主要原因是施入的脱硫副产物为盐分。现有研究多数关注脱硫副产物的最佳施用量和施加方式以提升改良效果，而对于如何合理进行水分淋洗、从而进一步控制土壤表层甚至深层盐分含量的探索较少。另外，内蒙古自治区河套灌区气候干旱，蒸降比高，成土母质和地下水含盐量大，而且处于半封闭洼地当中，在人类灌溉活动的影响下导致了地下水位较高，土壤积盐明显，进而造成土壤盐碱化[136,151]。因此，在该地区进行碱土改良，更需要在改良过程中对年内、年际的土壤碱化特征的变化有足够认识，方可全面评价改良的效果[151]。

本章通过在河套灌区进行的田间试验，分析了不同施用脱硫副产物并配合淋洗的改良处理下土壤剖面碱化特征的年内和年际变化特点，以及改良处理对种植食用向日葵生长特性的影响。

3.1 不同改良处理下 *ESP*、pH 和 *EC* 的年内、年际变化

图 3.1 显示了 2010 年 8 月 1 日—2012 年 12 月 1 日试验期间月均降雨量、蒸发量以及观测地下水位。从降雨量看，试验区域主要降雨发生在 6—10 月，而同期的蒸发量为全年内最高，该情况对于碱化土壤的改良或有负面影响。图 3.1 中灰色加深部分为主要的采样观测时期。黑色箭头部分指示了试验期间区域内淋洗和灌溉的时间，参考地下水位的变化可以发现，相比降雨，淋洗或灌溉对区域地下水位具有明显的影响，地下水位最高可以达到 0.64m，采样期内的地下水位在 0.75～2.68m 变化。

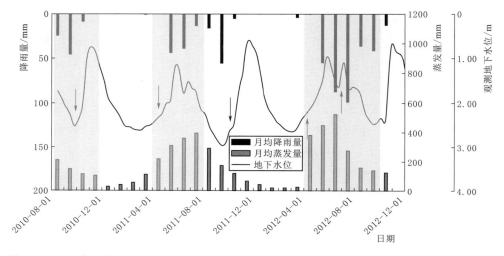

图 3.1 2010 年 8 月 1 日—2012 年 12 月 1 日试验期间月均降雨量、蒸发量以及观测地下水位

图 3.2 中显示了 2010 年 8 月—2012 年 11 月试验期间不同处理下各深度上的土壤碱化度 *ESP*。整体上看，对于各个处理，表层 0～40cm 土壤的 *ESP* 均要高于 40～100cm 深度土壤的 *ESP*。0～40cm 土壤是作物根系所在的重要区域，因此该深度上的碱化土壤改良特性更值得关注。

在 0～40cm 土壤深度，空白对照处理小区的 *ESP* 一直比较平稳，无明显的升高或降低，或与空白对照处理小区受到的人为扰动较小有关。2010 年 8—11 月，所有改良处理下的 *ESP* 均呈现出了一定程度的下降，其中综合处理下的土壤 *ESP* 下降幅度最大，其中高脱硫副产物施用量配合低淋洗量处理 G_2W_1 下 0～20cm 深度土壤的 *ESP* 由 70.8% 下降到 18.7%，土壤改良的效果明显。而仅施用脱硫副产物处理和仅淋洗处理下的土壤 *ESP* 均有小幅下降，且仅淋洗处理的 *ESP* 下降幅度略大于仅施用脱硫副产物处理，其原因可能是仅淋洗处理的小区在翻耕之后进行了淋洗，促进了表层土的脱盐；而仅施用脱硫副产物的小区在当年秋浇时候才得到淋洗，效果尚未完全体现。2011—2012 年的观测结果显示，在年内多数改良处理下的土壤 *ESP* 较平稳，且综合处理下的 *ESP* 甚至出现了

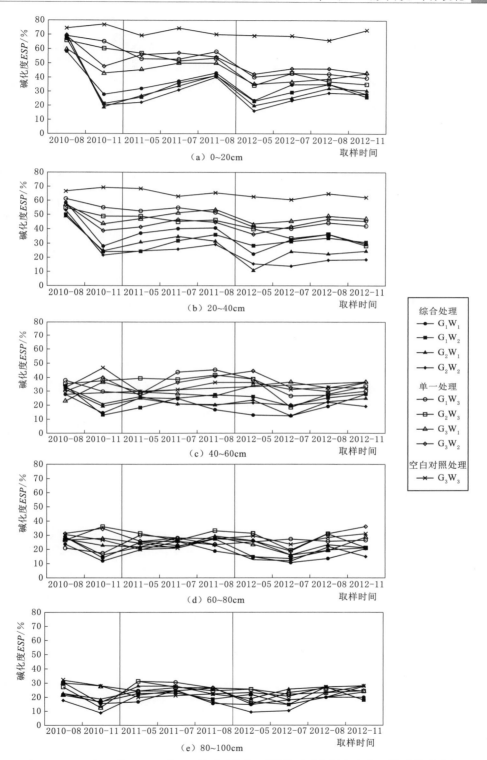

图 3.2　2010 年 8 月—2012 年 11 月试验期间不同处理下各深度上的土壤碱化度 *ESP*

一定程度的增加，其原因可能是试验期间该域较高的蒸发降雨比使得土壤水分降低，对改良反应的发生环境有负面影响。值得注意的是，2011 年 4 月均根据试验设计对特定处理的土壤进行了淋洗，而在 2011 年 5 月的采样结果表明该次淋洗并没有和秋浇期淋洗一样对 ESP 有显著的降低效果，而是基本将土壤 ESP 维持在了在较低的水平，其原因可能是 4 月、5 月当地几乎没有降水且蒸发量较高，对有淋洗的改良处理有一定的抑制作用。2011 年 8 月—2012 年 5 月间受到一次秋浇和一次淋洗的影响，各改良处理下的 ESP 又出现了一次明显的下降，进而接近于保持稳定。各处理深层次 40～100cm 土壤 ESP 的年内变化特征不如表层土明显，多数处理下的 ESP 有小幅波动，而从整体上看在 40～80cm 深度上综合改良处理的 ESP 略低于其他处理，该现象暗示了深层次土壤的 ESP 变化受到上层土壤改良的影响，但其影响效果有限。同时深层次土壤受蒸发降雨的影响相对较小，化学指标的稳定性也相对较高。

如图 3.3 所示，各处理 0～40cm 深度上 pH 的年际变化特点与 ESP 相类似，试验第一次淋洗和秋浇对于 pH 的降低效果明显。整体上年内的 pH 均维持较稳定的状态，无明显的增加或降低趋势。由于土壤中的高 pH 主要由 CO_3^{2-} 和 HCO_3^- 产生，改良初期 pH 明显下降和之后的平稳变化代表了在最初时期降低土壤酸碱度的反应已经基本完成，其可能的原因是土壤中本底的 CO_3^{2-} 和 HCO_3^- 含量较低，在有游离态的 Ca 离子条件下可较快形成固形物沉淀，从而降低酸碱度。值得注意的是，在 40～100cm 深度上，第一次淋洗和秋浇同样产生了一定的影响，表明有游离态 Ca^{2+} 经由水分运移到深层。而在 2011 年 5 月—2012 年 8 月的观测中，虽然有波动，但所有处理的 pH 均呈现了增加的趋势，考虑到本研究较高的地下水位，对该现象的解释为土壤的返盐过程将一部分地下水中的碱性离子重新带入土体，造成酸碱度的增加。

相比较 ESP 和 pH，各处理下的土壤 EC 在年内的变化更为剧烈（图 3.4）。整体上看，在 0～20cm 深度上的土壤 EC 要高于其他深度的。综合处理下的土壤 EC 在第一次淋洗和秋浇后 EC 下降最为明显，其中 G_2W_2 处理下 EC 从初始值 3.16mS/cm 下降至 0.88mS/cm。但是，在 2011 年所有处理下的土壤 EC 均明显增加，且高脱硫副产物施用量处理 G_2W_1 和 G_2W_2 在 2011 年 7 月 EC 达到极大值。类似的情况在 2012 年可同样观测得到。在 2011 年 8 月—2012 年 5 月，秋浇和淋洗同样使多数处理下的 EC 下降。整体上看，2012 年各处理的 EC 略低于 2011 年的 EC，其可能与 2012 种植的食葵生长期间吸收了部分盐分、改良经过一年脱硫副产物更多参与反应、部分土壤盐分被排出土体有关。而在 20～40cm 深度上，第一次淋洗和秋浇后仅综合处理出现了 EC 下降的情况，其他处理都出现了 EC 略增加的现象，其原因可能是上层土壤被淋洗出的盐分运移到下层。20～40cm 深度上的土壤 EC 的变化规律不明显，或因降水、淋洗和蒸发影响较大，其年内变幅也较高。G_1W_2 处理下的 EC 和在 0～20cm 深度的一直维持了较低的土壤 EC，表明高淋洗水量条件对于低施用量的脱硫副产物或有较好的溶解效果，可以控制因施入脱硫副产物造成的盐分增加。40～100cm 深度上的土壤 EC 年际变化特点相类似，第一次淋洗和秋浇后所有处理下的土壤 EC 均有小幅度的增加，之后年内的变化幅度较表层土小。2012 年 8 月

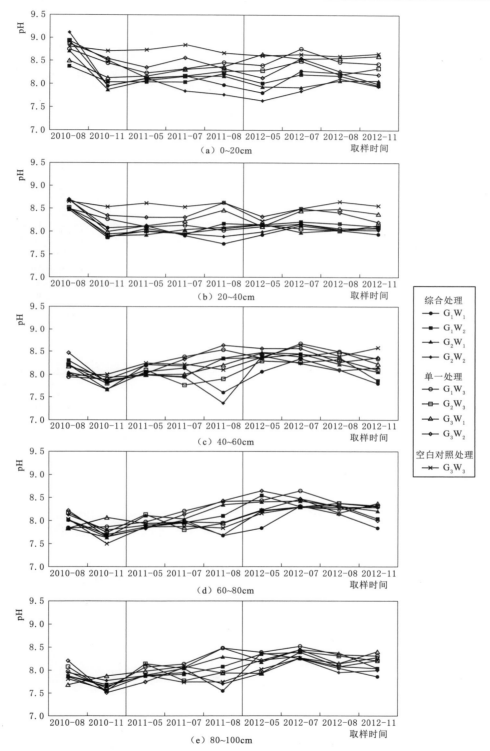

图 3.3　2010 年 8 月—2012 年 11 月试验期间不同处理下各深度上的土壤 pH

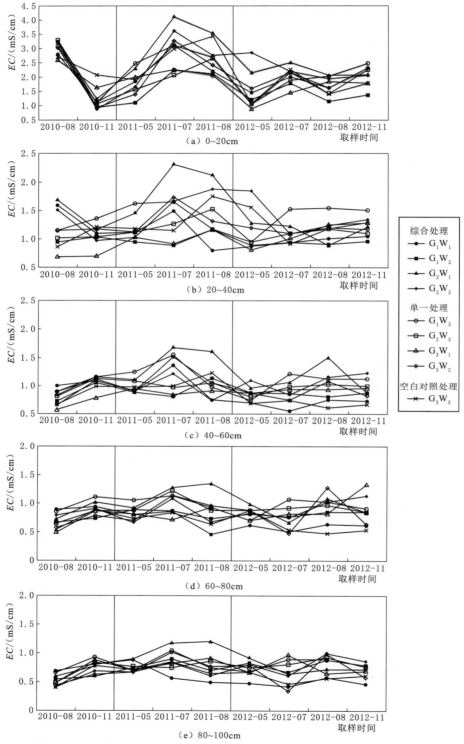

图 3.4 2010 年 8 月—2012 年 11 月试验期间不同处理下各深度上的土壤 EC

和 11 月采样的结果显示，经过 2 年改良 40～80cm 深度上所有改良处理的 EC 均高于空白对照处理。

3.2　不同改良处理对土壤碱化特征的影响

3.2.1　不同改良处理对碱化度 ESP 的影响

为分析不同处理对土壤碱化特征的影响，本书选取了 9 种处理分别在试验开始时（2010 年 8 月），试验中期（2011 年 8 月）和试验结束时（2012 年 11 月）的 5 个观测深度上的土壤 ESP、pH 和 EC 进行了比较。为方便讨论，以下将 2010 年 8 月—2011 年 8 月定义为改良第一年，将 2011 年 8 月—2012 年 11 月定义为改良第二年。

在 0～20cm 深度上，综合处理下的土壤 ESP 经过 2 年显示出了明显的下降，其中降幅最高的高脱硫副产物配合高淋洗水量处理 G_2W_2 下的 ESP 平均值由 69.88％ 降至 28.43％。综合处理下土壤 ESP 逐年下降，且在改良第一年内的降幅要略高于改良第二年内的降幅（如 G_2W_1 处理下第一年下降 29.95％，第二年下降 10.41％），表明脱硫副产物施用配合淋洗可以持续的发挥改良作用，且充分的淋洗可以使改良反应在初期就迅速完成。在仅施用脱硫副产物的处理（G_1W_3 和 G_2W_3）下土壤的 ESP 降幅略小于综合处理，且呈现出改良第一年内降幅小于改良第二年的特点（如 G_1W_3 处理下土壤 ESP 均值改良第一年由 69.23％ 降至 57.78％，而在改良第二年则降至 39.96％），表明仅施用脱硫副产物处理虽然没有配合淋洗处理的改良效果迅速，但在当地秋浇和灌溉的影响下依然可以缓慢的产生效果。仅经过淋洗处理（G_3W_1 和 G_3W_2）经过 2 年改良也降低了土壤 ESP，表明淋洗可以改善表层土壤碱化度。在 20～40cm 深度上，综合处理下土壤 ESP 在改良第一年和第二年下降的特点与 0～20cm 深度一致，但整体上，该层土壤碱化度下降幅度平均值为 25％～35％，小于 0～20cm 的降幅 28％～40％。试验开始前，脱硫副产物与 0～20cm 土壤用旋耕犁充分混合，主要的改良反应应发生在 0～20cm 土层。而 20～40cm 深度上土壤 ESP 的降低表明上层混合的脱硫副产物中溶解的 Ca^{2+} 可以运移到深层发生反应。仅施用脱硫副产物处理同样大幅降低了土壤 ESP 值（G_1W_3 处理下降幅为 19.21％，G_2W_3 处理下降幅为 26.84％），同样在改良第一年的降幅小于改良第二年。仅淋洗处理下土壤 ESP 降幅小于 12％，考虑到各处理间重复的差异和空间变异，可认为改良效果不明显。在 40～60cm 深度上，综合处理和仅施用脱硫副产物处理两年改良后 ESP 下降不明显，而仅淋洗处理下的 ESP 则有小幅增加，表明该处理下上层代换性 Na^+ 在该层有积累。在 60～100cm 深度上，各处理下的 ESP 在 2 年改良后均有小幅波动，但是受空间变异和地下水的影响，各处理重复样本间的差异较大，ESP 变化规律不明显。

3.2.2　不同改良处理对 pH 的影响

整体上看，对于土壤 pH 改良处理下 0～20cm 土层内下降最明显。综合处理下的 pH 经过两年改良后平均值可降至 8.0 以下，其中 G_2W_2 处理降幅最高，从试验开始时均值 9.10 下降至 7.93。综合处理下 pH 改良第一年的下降幅度略高于改良第二年，部分处理在改良第二年甚至出现了 pH 增加的情况（如 G_2W_2 处理下 pH 平均值在改良第一年从 9.10 下降至 7.77，而在改良第二年则增加至 7.93）。类似的现象在仅施用脱硫副产物处理中也可以观察到。其原因可能是溶解的 Ca^{2+} 与碱性阴离子在有较好反应环境时即可迅速发生反应，因而在改良第一年即可有效降低土壤酸碱度。仅淋洗处理下 pH 的下降幅度较小。20～40cm 土层内各处理下 pH 的变化特征与 0～20cm 土层相似。在 40～60cm 深度上，仅淋洗处理下的土壤 pH 有小幅度的增加（如 G_3W_1 处理下 pH 改良两年后平均值从 7.97 增加至 8.23）。在 60～100cm 深度上，改良措施对 pH 的影响效应规律性不明显。

3.2.3　不同改良处理对 EC 的影响

土壤 EC 在各改良年间波动明显，表明其受自然条件（降雨、蒸发）和人类活动（淋洗、耕作）的影响较大。相比较试验开始时，0～20cm 土层内所有处理（包括空白对照处理）2 年后的 EC 均有下降，或是因为本研究内所有处理小区都按照当地常见的田间管理方法进行了秋浇，造成表土层脱盐。G_1W_2 处理下的 EC 平均值降低幅度最高，从试验开始时的 3.23mS/cm 降至 1.37mS/cm。另外，施入脱硫副产物处理中仅 G_2W_1 处理在改良第一年或因为脱硫副产物施入量较高而溶解、淋洗较弱出现了 EC 均值增加的情况。而在 20～40cm 土层，改良第一年后多数处理下的 EC 均有一定程度的增加，如 G_2W_3 处理下的 EC 均值由 1.01mS/cm 增加至 1.53mS/cm，表明上层土体的盐分经过淋洗会在该层产生积聚；但是综合处理 G_1W_1、G_2W_1 和 G_2W_2 在改良第二年 EC 均值又下降至低于初始值，表明综合处理第二年间的改良过程有助于该层土壤的脱盐。而仅施用脱硫副产物处理 G_1W_3 和 G_2W_3 和仅淋洗处理 G_3W_1 和 G_3W_2 下的 EC 依然高于初始值。改良两年后，40～80cm 深度上包括综合处理 G_2W_1，G_2W_2 处理下的 EC 均有增加，暗示了本书中所有改良措施造成的盐分淋洗并未完全排出土体进入地下水，而是会积聚在该深度上。在蒸发量较大时或造成土壤返盐，进而间接造成了年内 ESP 的升高，削弱了表层土壤的改良效果。

3.3　不同改良处理对食葵生理指标的影响

本书选取了包括株高、径粗、单叶面积等 10 个常见的用来衡量作物生长水平的指标，用以分析不同改良处理对食葵生长的影响。表 3.1 列出了不同改良处理下食葵生长发育指标。可以看出，综合处理下的几乎所有指标均高于单一处理和空白对照处理，其中，高脱硫副产物施用量配合高淋洗量处理 G_2W_2 的计算公顷产量最高，达到了 2599.5kg/hm²，为空白对照处理平均公顷产量的 8.55 倍。高脱硫副产物施用量配合低淋洗量处理 G_2W_1 的平均株高（136.3cm）、径粗（3.1cm）、单叶面积（485.6cm²）、根系鲜重（50.4g）、根系干重（38.5g）和整株干重（366.1g）均高于其他处理。仅施用石膏处理下的各项指标均高于仅淋洗处理，在平均产量上与低脱硫副产物配合淋洗处理相接近。施用脱硫副产物配合淋洗显著提高了食葵的各项生长指标，这与石懿[152]、肖国举等[153]的研究结果一致。食葵生长特性的改善不仅与土壤的 ESP 和 pH 下降有关，施入脱硫副产物后可以促进食葵对 Ca^{2+} 的吸收，增加作物的抗逆性，进而促使植物生长发育[149,154]。对不同处理下食葵生长发育指标进行双因素方差分析（表 3.2）后可以看出，脱硫副产物施用量和淋洗量对所有指标均有显著影响，但其交互作用对径粗、单盘鲜重、干重和产量则不显著。

表 3.1　　　　　　　　　　　不同改良处理下食葵生长发育指标

处理	株高/cm	径粗/cm	单叶面积/cm²	根系鲜重/g	根系干重/g
G_1W_1	127.3±2.3	2.3±0.1	289.1±30.8	27.2±1.5	19.0±0.9
G_1W_2	125±7.8	2.4±0.2	278.7±23.2	27.8±3.8	21.5±3.2
G_1W_3	108.7±1.2	1.8±0.5	239.7±16.2	18.4±1.7	12.8±1.5
G_2W_1	136.3±5.5	3.1±0.8	485.6±29.9	50.4±7.4	38.5±3.5
G_2W_2	135.5±9.2	2.6±0.2	448.3±29.0	47.2±1.5	34.6±4.1
G_2W_3	113±7.0	1.9±0.2	293.6±22.8	22.4±2.7	17.1±2.7
G_3W_1	103.3±2.3	1.8±0.1	168.3±11.6	15.1±2.9	10.4±2.3
G_3W_2	107.7±2.5	1.8±0.1	176.0±18.3	16.3±0.5	12.5±0.2
G_3W_3	101.3±2.3	1.7±0.1	152.5±13.4	10.9±1.1	7.9.0±0.1
处理	单盘鲜重/g	单盘干重/g	整株鲜重/g	整株干重/g	产量/(kg/hm²)
G_1W_1	96.0±6.1	68.0±6.4	1243.5±43.4	283.1±9.0	1959.1±234.6
G_1W_2	109.7±9.7	77.5±11.0	1378.6±68.9	283.4±14.2	2308.8±407.3
G_1W_3	94.9±4.9	66.6±5.7	1186.6±59.3	258.8±12.9	1907.4±210.1
G_2W_1	116.3±5.3	82.3±1.9	1601.2±80.1	366.1±18.3	2486.2±70.5
G_2W_2	124.8±6.4	85.4±12	1665.8±83.3	348.8±17.4	2599.5±444.5
G_2W_3	97.4±2.7	66.7±3.8	1268.5±63.4	289.7±14.5	1908.6±141.4
G_3W_1	59.1±3.8	41.9±3.4	890.5±44.5	258.1±12.9	993.7±125.8
G_3W_2	62.0±4.4	45.3±3.1	898.4±44.9	260.2±13.0	1120.6±115.8
G_3W_3	39.2±7.5	23.2±4.8	625.4±31.3	158.6±7.9	304.2±178.6

表 3.2　　　　　　　　　　　食葵生长参数双因素方差分析

处理因素	特征值	株高/cm	径粗/cm	单叶面积/cm²	根系鲜重/g	根系干重/g	单盘鲜重/g	单盘干重/g	整株鲜重/g	整株干重/g	产量/(kg/hm²)
脱硫副产物量	F	49.10	11.96	260.24	147.74	146.96	248.04	97.65	321.84	141.56	93.56
	α	0.00	0.00	0.00	0.00	0.00	0.00	0.00	0.00	0.00	0.00
淋洗水量	F	23.84	7.45	37.03	52.29	50.75	30.29	15.66	56.10	65.39	14.46
	α	0.00	0.00	0.00	0.00	0.00	0.00	0.00	0.00	0.00	0.00

续表

处理因素	特征值	株高/cm	径粗/cm	单叶面积/cm²	根系鲜重/g	根系干重/g	单盘鲜重/g	单盘干重/g	整株鲜重/g	整株干重/g	产量/(kg/hm²)
交互作用	F	3.67	2.52	13.95	13.09	12.75	2.57	1.47	4.91	8.12	1.42
	α	0.02	0.08	0.00	0.00	0.00	0.07	0.25	0.01	0.00	0.27
决定系数 R^2		0.90	0.73	0.97	0.96	0.96	0.97	0.93	0.97	0.96	0.94

3.4 讨 论

通常认为,当土壤碱化度达到 15% 和 pH 达到 8.5,会造成土壤结构恶化并影响作物生长。因此,如何降低碱化土壤的碱化度和 pH 成为众多研究者的关注重点。王金满等[155]2002 年 8 月—2004 年 11 月在内蒙古自治区乌拉特前旗研究了 4 个脱硫副产物施用量(18.5t/hm²、22.5t/hm²、26.25t/hm² 和 30t/hm²)对表层 0~40cm 土壤碱化度和种植向日葵的影响。研究结果发现 ESP 由 58% 降低至 15%,且在第一年的下降幅度高于第二年;肖国举等[153]2008 年在宁夏回族自治区西大滩研究了轻、中、重度盐碱土在四种不同脱硫副产物施用量条件下的改良效果,发现重度碱化土在施用脱硫副产物 23.6t/hm²条件下经过 1 年改良后 0~20cm 深度上 ESP 由 33.8% 降低至 16.9%~18.8%。本研究中,改良后 0~20cm 土壤 ESP 最低的处理(脱硫副产物施用量 10.5t/hm² 配合每次淋洗水 2.20×10³t/hm²)为 25.73%,仍然高于 15%,其原因可能是研究区表层土初始 ESP 较高(58.26%~74.24%),且当地较高的地下水位(0.75~2.68m)易造成土壤返盐,对改良作用的进行有负面影响。土壤 ESP 逐年稳定的下降暗示了延长改良时间或有利于土壤质量的进一步提升。

邹璐[30]研究了碱化土在施用 22.5t/hm² 脱硫副产物后 6 年内 0~20cm 土壤 pH 和 EC后发现,土壤的 pH 在第一年下降幅度较大,之后保持稳定不再有大幅度增减。而 EC 则缓慢的下降之至第 5 年。Chun 等[22] 于 1996—1999 年间研究了在施用脱硫副产物 0~22.5t/hm² 对有种植玉米的碱化土壤 0~20cmpH 和 EC 的影响,发现 EC 在年内和年际均呈现缓慢的下降趋势。相反的,Zia 等[156]在施用石膏改良碱化土壤时发现表层的土壤EC 有小幅增加。本研究结果中 pH 的动态变化规律与邹璐[30],Chun 等[22]人的研究结果相一致,经过 2 年改良处理下的 0~40cm 土壤 pH 多数降低至 8.5 以下。但是本研究表层土壤 EC 虽然从整体看是逐年下降,但结合年内和年际变化可以发现,在河套灌区进行的碱土改良过程中表层土壤盐分的变化较为剧烈,在高蒸发低降雨时期有明显的增加,在灌溉和秋浇之后又会出现明显的下降,且秋浇之后下降幅度更高。本研究对改良过程中40~100cm 土层的碱化特征进行观测后发现,不同改良处理间 ESP 和 pH 差异不明显,表明改良处理对深层次的土壤性质影响有限,该结果与肖国举等[27]、Rasouli 等[157]的结论相一致。Rasouli 等[157]研究了施用石膏两年期间 0~90cm 深度上土壤 EC 的变化特征,

发现在第二年表层 $0\sim60$cmEC 土壤 EC 增加且高于 $60\sim90$cm，其原因是使用了含盐量较高的水进行灌溉且土壤入渗率较低，导致了盐分多累积在表层。本研究中，综合处理下 $40\sim80$cm 土层 EC 增加以及仅进行淋洗和仅施用脱硫副产物处理 $20\sim40$cmEC 增加的现象表明，淋洗、秋浇和灌溉促使了表层盐分向下运移，但尚无法完全让土壤剖面盐分有明显降低，或受当地较不完善的排水系统以及长期处于高位的地下水位的影响。因此，增加淋洗水量并配套排水沟道或可有利于降低整体盐碱化。

3.5　本章主要结论

（1）施用脱硫副产物配合淋洗处理经过两年后可以显著降低 $0\sim40$cm 土壤 ESP、pH，且 ESP 和 pH 在改良第一年内的降幅高于改良第二年。仅施用脱硫副产物处理下 ESP 降幅第一年小于第二年，pH 降幅第一年高于第二年。仅淋洗处理对该层土壤 ESP、pH 降低效果不明显，并在 $40\sim60$cm 上使 ESP 与 pH 有增加的趋势。所有处理对 $60\sim100$cm 深度的 ESP 和 pH 的影响不明显。所有改良处理对 $0\sim20$cm 土体 EC 均有明显的降低作用，但在 $20\sim40$cm 深度上，综合处理下 EC 会在改良第一年增加而在改良第二年降低，而仅施用脱硫副产物处理和仅淋洗处理下 EC 会高于初始值。

（2）对于所有处理，在 $0\sim40$cm 土体内，ESP、pH 和 EC 受第一次淋洗和秋浇的影响较大。ESP 在第一次淋洗后有明显降低，而年内 ESP 保持稳定甚至略有增加，且会受秋浇影响而降低。pH 在第一次淋洗和秋浇后降低，之后整体保持稳定。EC 在第一次秋浇后降低，而在次年年内呈增加趋势，在第三年年内变化趋向稳定。$40\sim100$cm 土体内，ESP 变化较稳定，pH 和 EC 则受上层处理淋滤和地下水的影响波动较大。

（3）高脱硫副产物施用量配合低淋洗量处理对食葵的株高、径粗等生长指标以及产量提升效果优于其他所有处理。仅施用脱硫副产物处理对食葵产量的提高程度优于仅淋洗处理。

第 4 章

改良方式对碱化土壤团聚体的影响

土壤团聚体是土壤养分的重要储存场所，同时也是土壤微生物的主要生存环境。不同粒级团聚体的数量分布以及空间分布方式决定了土壤孔隙结构特征以及土壤水分、养分和气体的供给特征，进而影响了土体范围内生物的活动特性，是土壤结构状况的重要指标之一。其中，土壤团聚体稳定性反映了土壤抗侵蚀能力、土壤结构的稳定性以及土地生产力。碱化土壤以土壤团聚体易被破坏、土壤团聚体稳定性低为主要特征。研究改善碱化土壤团聚体特性具有重要意义。

利用脱硫副产物改良碱化土壤已被认为是较成熟的改善碱化土壤理化性质的方法，但是长期施用脱硫副产物对于土壤团聚体特性的研究较少。张峰举等[158]在宁夏回族自治区通过四年田间试验研究了不同脱硫副产物施用量（$0 \sim 45 t/hm^2$）对 $0 \sim 20cm$ 深度内碱化土壤团聚体特性的影响，发现脱硫副产物施用量的增加会提高机械稳定性团聚体和水稳性团聚体的数量。在改良过程中，水分淋洗可以溶解石膏、促进 Ca - Na 代换同时将多余的盐分淋洗出作物根区土体，对土壤团聚体稳定性同样具有关键影响。同时深层次 $20 \sim 60cm$ 土壤团聚体的特性也会因为脱硫副产物施用和水分的淋洗发生变化[14]，目前对该条件下土壤团聚体特征变化的研究尚不多见。另外，碱化土壤团聚体特征的主要影响因素及其与土壤水分特征之间的相互关系尚未完全揭示。本章将基于多年脱硫副产物施用及水分淋洗综合的碱化土壤改良田间试验结果对以上问题进行探讨。

4.1 不同改良处理类型对碱化土壤容重、
饱和导水率及团聚体特性的影响

表 4.1 显示了不同改良处理类型（综合处理，CB；单一处理，SI；空白对照处理，CK）下各深度上土壤团聚体主要参数。全剖面上，综合处理 CB 显著降低了土壤容重并提高了饱和导水率 K_{sat}，该结论与 Southard[159]，Ilyas[6] 和 Valzano[160] 等结果相同。可以看出，在 $0 \sim 40cm$ 深度内，对 GMD（干筛），MWD（干筛），$DR_{0.25}$ 和 $WR_{0.25}$ 均有 CB > SI > CK，且综合处理 CB 显著（$p < 0.05$）高于其他处理；相反的，综合处理下的干筛团聚体分形维数则显著低于其他处理，表明综合处理对于碱化土壤团聚体具有积极的影响。改良处理（CB、SI）的 GMD（湿筛）和 MWD（湿筛）在 $0 \sim 10cm$ 深度上显著高于空白对照处理。值得注意的是，单一处理 SI 在 $0 \sim 10cm$ 深度上的多数指标略高于空白对照处理 CK 但不显著，其影响因素之一可能是单一处理中仅施用脱硫副产物和仅进行淋洗

处理对团聚体参数的影响效果不同，导致处理组内部的差异较大，后文将对各处理进行个体分析。对于 40～60cm 深度的土体，多数指标间的差异不显著，综合处理下的 $DR_{0.25}$ 显著低于其他处理而 $WR_{0.25}$ 则相对较高，暗示了改良处理或对深层土壤的改良效果有限。

表 4.1　　　　　　　　　不同改良处理类型下各深度上土壤团聚体主要参数

土层深度 /cm	改良处理	容重 /(g/cm³)	饱和导水率 K_{sat} /(mm/d)	GMD (干筛) /mm	MWD (干筛) /mm	GMD (湿筛) /mm	MWD (湿筛) /mm	分形维数 D	$DR_{0.25}$ /%	$WR_{0.25}$ /%
0～10	CB	1.50c	11.9a	1.17a	2.17a	0.47a	0.02a	2.43b	84.21a	4.06a
	SI	1.59b	3.9b	0.98b	1.59b	0.48a	0.02a	2.53a	76.47b	2.42b
	CK	1.65a	1.9c	0.94b	1.49b	0.40b	0.00b	2.55a	76.02b	0.28c
10～20	CB	1.57b	8.0a	1.17a	2.13a	0.49a	0.04a	2.52b	84.88a	4.14a
	SI	1.66a	2.5b	1.04b	1.79b	0.47b	0.02b	2.57a	78.26b	3.60b
	CK	1.66a	2.5b	0.95c	1.57b	0.48a	0.01b	2.60a	75.36b	1.28c
20～40	CB	1.52b	6.5a	1.11a	1.90a	0.52a	0.04a	2.39b	86.10a	6.48a
	SI	1.58a	3.0b	0.96b	1.42b	0.44b	0.01b	2.59a	76.52b	2.72b
	CK	1.58a	2.6b	0.80c	0.65c	0.44b	0.00b	2.53a	66.06c	0.52c
40～60	CB	1.44c	14.1a	1.02a	1.72a	0.48a	0.03a	2.51b	77.33b	4.85a
	SI	1.46b	7.0b	1.11a	1.85a	0.45a	0.01b	2.70a	83.75b	3.04b
	CK	1.55a	6.4b	1.12a	1.86a	0.44a	0.00b	2.68a	94.35a	0.38c

注：各深度上同一列参数的字母不同，表示在 $p<0.05$ 水平下存在显著差异。

图 4.1 显示了不同改良处理下各深度上土壤容重和饱和导水率。在 0～20cm 深度上，综

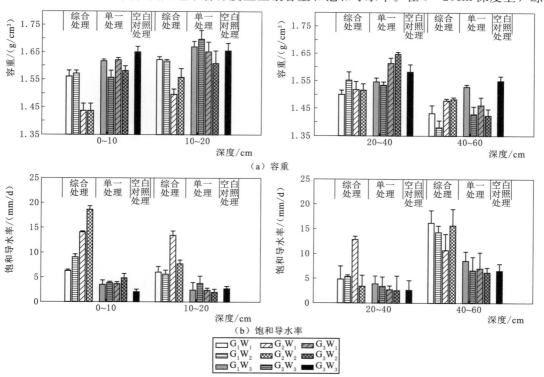

（a）容重

（b）饱和导水率

图 4.1　不同改良处理下各深度上土壤容重和饱和导水率

合处理中高脱硫副产物施用量处理（G_2W_1 和 G_2W_2）的容重和饱和导水率分别低于和高于低脱硫副产物施用量处理（G_1W_1 和 G_1W_2），暗示了高脱硫副产物施用量的改良效果较好。虽然单一处理在整体上对 0～10cm 深度上的碱化土壤降低容重、提高饱和导水率有积极影响，但是对 10cm 以下土壤影响则不显著。仅施用脱硫副产物处理和仅淋洗处理甚至分别在 10～20cm 深度和 20～40cm 深度上显示出高于空白对照处理的容重。对于仅淋洗处理，深层次土壤容重的提高可能是因为上层次土壤的 Na^+ 经淋洗后聚集在该层造成了土壤的反絮凝。而对于仅施用脱硫副产物处理，由于缺乏足够的水量淋洗，经由自然降雨和灌溉水环境而被代换的 Na^+ 可能较少被淋洗到深层次土层，进而对改良效果造成了负面影响。

4.2 不同改良处理对碱化土壤干筛和湿筛团聚体 GWD 和 MWD 的影响

图 4.2 显示了不同改良处理下各深度上干筛团聚体 GWD 和 MWD。在 0～10cm 深度上，综合处理中高脱硫副产物施用量配合低水量淋洗处理（G_2W_1）的 GMD 和 MWD 显著高于其他处理，分别达到了 1.50mm 和 3.29mm，较空白对照处理 G_3W_3 提高了 59% 和 122%。高脱硫副产物施用量配合高水量淋洗处理 G_2W_2 仅低于 G_1W_1。单一处理中，仅淋洗处理 G_3W_1 和 G_3W_2 的 GMD（分别为 1.04mm 和 1.03mm）和 MWD（1.80mm 和 1.69mm）均高于空白对照处理，而仅施用脱硫副产物处理 G_1W_3 和 G_2W_3 则略低于空白对照处理。在 10～20cm 深度上，所有综合处理下的 GMD 和 MWD 均高于单一处理，

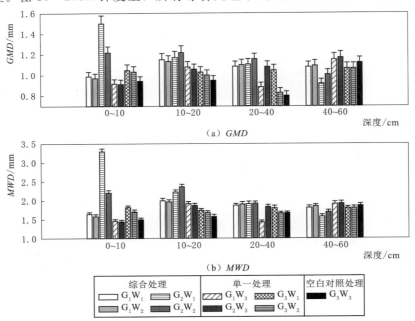

图 4.2 不同改良处理下各深度上干筛团聚体 GMD 和 MWD

而 G_2W_2 处理下的 GMD（1.22mm）和 MWD（1.36mm）相对最高；仅施用脱硫副产物处理 G_1W_3 和 G_2W_3 略高于仅淋洗处理 G_3W_1 和 G_3W_2。在 20～40cm 深度上，同样是 G_2W_2 处理下的 GMD（1.15mm）和 MWD（1.91mm）相对最高。

相比较改良处理对干筛团聚体 GWD 和 MWD 的影响，不同处理间湿筛团聚体 GWD 和 MWD 的差异规律不明显（图 4.3），突出表现在一类型处理间的差异较大，也暗示了碱化土壤湿筛团聚体 GWD 和 MWD 参数对改良过程的反映的代表性不强。整体上看在 0～20cm 深度上，G_1W_2 处理下的 GMD 和 MWD 值相对较高，而 G_1W_1 处理的 MWD 则在 20～60cm 深度上较其他处理高。

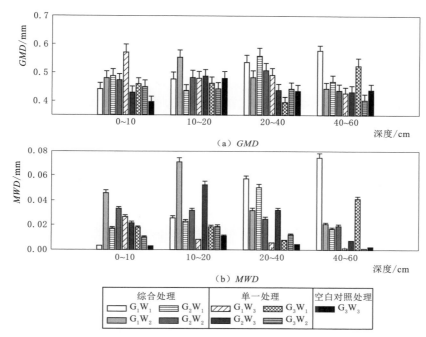

图 4.3　不同改良处理下各深度上湿筛团聚体（GMD）和（MWD）

4.3　不同改良处理对碱化土壤 $DR_{0.25}$，$WR_{0.25}$ 和分形维数的影响

团聚体形成主要靠微团聚体（直径小于 0.25mm）聚合形成大团聚体（直径大于 0.25mm）以及大团聚体破碎形成小团聚体，二者互为基础且互为消长。通常将直径大于 0.25mm 的团聚体称为土壤团粒结构体，是土壤中最好的结构体，其数量与土壤的肥力状况呈正相关[45,161]。本研究中，全剖面改良处理下的机械稳定性团聚体 $DR_{0.25}$ 数量在 72.1%～90.6% 之间，远高于各处理水稳性团聚体 $WR_{0.25}$ 数量的 1.2%～8.9%，说明本研究中碱化土壤团聚体以机械稳定性团聚体为主要构成部分。从各改良处理看，在 0～40cm 深度内，高脱硫副产物施用量处理 G_2W_1 和 G_2W_2 下的 $DR_{0.25}$ 数量最高。单一处理

中，仅施用脱硫副产物的处理 G_1W_3 和 G_2W_3 在 $0\sim10$cm 内的 $DR_{0.25}$ 数量（分别为 74.6％ 和 72.1％）要略低于空白对照处理 G_3W_3（76.0％），而在 $10\sim40$cm 深度内均高于空白对照处理。所有改良处理下的 $WR_{0.25}$ 数量均高于空白对照处理，而综合处理中相同淋洗量处理（如 G_1W_2 和 G_2W_2，G_1W_1 和 G_2W_1）$WR_{0.25}$ 数量在剖面上的变化趋势相接近。不同改良处理下各深度上干筛（$DR_{0.25}$）和湿筛（$WR_{0.25}$）大于 0.25mm 团聚体含量及干筛分形维数 D 如图 4.4 所示。

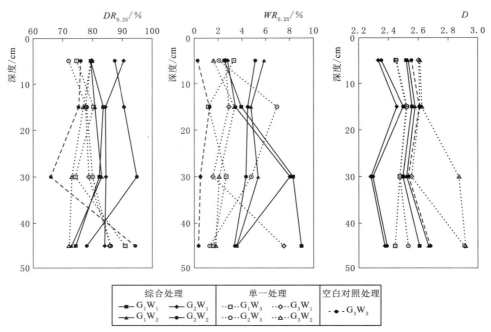

图 4.4　不同改良处理下各深度上干筛（$DR_{0.25}$）和湿筛（$WR_{0.25}$）
大于 0.25mm 团聚体含量及干筛分形维数 D

吴承祯等[162]认为，土壤团粒结构越好、结构越稳定则分形维数越小。本书对团聚体干筛数据进行了分形维数的提取，R^2 值均在 0.90 以上。图 4.4 显示了不同改良处理下分形维数 D 在剖面上的分布情况，整体比较平稳，且在 $10\sim20$cm 深度上相对较高。综合处理中高脱硫副产物使用量处理 G_2W_1 和 G_2W_2 全剖面的 D 值均小于其他处理，表明该类型处理下土壤的机械稳定性团聚体稳定性提高较多。值得注意的是，仅淋洗处理（G_3W_1 和 G_3W_2）在全剖面上的 D 值均小于空白对照处理，说明仅进行淋洗或不利于土壤团聚体的机械稳定性。

4.4　土壤团聚体参数与土壤碱化参数及饱和导水率的相互关系

2012 年 8 月取样区土壤剖面分层化学性质见表 4.2。表 4.3 显示土壤团聚体参数与土壤碱化参数的关系。土壤碱化度（ESP）与除分形维数以外的所有团聚体参数间均有显著的相关关系，表现为土壤碱化度增加，团聚体参数值降低。类似的，土壤 pH 和代换性钠含量的增加也会显著降低团聚体的指标，而土壤电导率（EC）和阳离子代换量（CEC）则未显示出明确的关系。以上结果表明，土壤碱化改良过程中碱化参数的降低对土壤团聚体的形成和稳定性增加具有积极的影响。

表 4.2　　　　　　　　　　**2012 年 8 月取样区土壤剖面分层化学性质**

深度/cm	指 标	G_1W_1	G_1W_2	G_1W_3	G_2W_1	G_2W_2	G_2W_3	G_3W_1	G_3W_2	G_3W_3
0～10	pH	8.0	8.1	8.5	7.9	7.9	8.3	8.5	8.2	8.9
	代换性钠/(cmol/kg)	3.73	4.51	4.46	3.17	3.44	4.87	5.15	3.82	9.63
	CEC/(cmol/kg)	10.08	12.84	9.91	10.24	12.19	10.24	12.35	9.10	14.08
	ESP/%	36.98	35.12	45.03	30.92	28.18	47.55	41.67	41.92	68.40
	EC/(mS/cm)	2.10	1.59	2.14	2.18	1.98	1.76	1.84	1.46	2.45
10～20	pH	7.7	7.7	7.8	7.5	7.4	7.9	8.0	7.9	9.3
	代换性钠/(cmol/kg)	3.82	3.47	4.31	3.09	3.47	5.42	5.31	4.43	8.11
	CEC/(cmol/kg)	10.08	11.21	9.91	11.54	11.86	12.70	11.70	9.43	11.56
	ESP/%	37.88	30.96	43.47	26.81	29.26	42.68	45.39	46.93	70.18
	EC/(mS/cm)	1.77	1.48	2.24	1.92	1.96	2.19	1.73	1.41	1.40
20～40	pH	8.0	7.9	8.0	8.0	7.9	8.2	8.3	8.5	8.7
	代换性钠/(cmol/kg)	3.84	4.04	4.72	2.50	2.65	3.91	5.40	5.13	6.84
	CEC/(cmol/kg)	10.89	12.68	11.54	11.54	13.16	10.56	10.89	10.73	10.56
	ESP/%	35.22	31.88	40.90	21.67	20.10	37.02	49.62	47.82	64.80
	EC/(mS/cm)	1.09	0.87	1.61	1.11	1.21	1.31	1.36	1.41	1.24
40～60	pH	8.1	8.2	8.1	8.4	8.2	8.3	8.3	8.2	8.2
	代换性钠/(cmol/kg)	3.77	4.46	2.56	2.58	2.67	4.30	4.97	2.05	4.81
	CEC/(cmol/kg)	14.46	15.44	8.64	9.75	12.84	12.68	15.44	5.53	14.78
	ESP/%	26.06	28.87	29.58	26.41	20.83	33.90	32.22	37.14	32.55
	EC/(mS/cm)	0.74	0.79	1.12	1.42	1.24	1.09	1.01	1.21	0.73

表 4.3　　　　　　　　　　**土壤团聚体参数与土壤碱化参数的关系**

参数	pH	EC	代换性 Na^+	CEC	ESP
GWD（干筛）	−0.601**	0.183	−0.565**	0.050	−0.639**
MWD（干筛）	−0.573**	0.274	−0.504**	0.054	−0.584**
GMD（湿筛）	−0.252	−0.159	−0.459*	0.002	−0.473*
MWD（湿筛）	−0.439*	−0.255	−0.472*	0.205	−0.568**
$DR_{0.25}$	−0.622**	0.036	−0.645**	0.247	−0.778**
$WR_{0.25}$	−0.498**	−0.315	−0.565**	0.242	−0.678**
D	0.203	0.104	0.351	−0.195	0.429

注： * 在 0.05 水平（双侧）上显著相关。

　　 * * 在 0.01 水平（双侧）上显著相关。

考虑到 0~40cm 和 40~60cm 土壤质地不同所造成的差异，本书将 0~40cm 内的粉壤土作为主要的研究对象，建立了碱化土壤饱和导水率与 4 个不同土壤团聚体参数间的回归方程。如图 4.5 所示，碱化土壤饱和导水率可基于干筛团聚体 GMD 和 MWD，以及大于 0.25mm 团聚体数量和分形维数进行预测，其中分形维数可以决定接近 55% 的土壤饱和导水率的变化，且随着分形维数的增加，饱和导水率降低；而其他三个参数的提升均有益于土壤饱和导水率的增加。

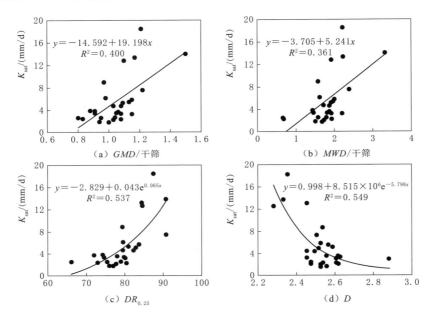

图 4.5　饱和导水率（K_{sat}）与团聚体参数的关系

4.5　讨　论

本书的研究结果表明了应用脱硫副产物配合淋洗改良碱化土壤可在较短时间内（3 年）对土壤团聚体特征产生明显的影响，其中施用脱硫副产物配合额外的淋洗处理对团聚体指标的提升效果最为显著，包括干筛、湿筛 GMD 和 MWD 以及大于 0.25mm 干筛、湿筛团聚体数量等数值越大表明土壤团聚度越高、土壤结构性能越高的指标均较空白对照处理显著增加，且影响范围可达到 0~40cm 土体。对于碱化土壤改良过程而言，经由石膏产生的钙离子与土壤团粒上可代换性钠离子的相互置换是关键。张峰举等[158]认为脱硫石膏中在改良碱土过程中促进了由黏粒—多价阳离子和有机分子形成有机无机复合体，进而提高了团聚体的数量和稳定性。

相比仅施用脱硫副产物处理，本研究发现额外的水分淋洗有助于提高改良效果。增加的水分不仅有助于脱硫副产物中石膏成分的溶解，而且促进了钙钠代换过程的进行；增加水分淋洗的次数也增加了土壤干湿交替的次数，有助于更好团聚体结构的形成，从而对团聚体团聚度及数量产生积极的影响。本研究中改良处理下干筛团聚体 GMD（$0.91 \sim 1.50$），MWD（$1.45 \sim 3.29$）的数值较张峰举等[158]（GMD：$1.89 \sim 2.62$；MWD：$3.09 \sim 3.92$）的值略低，其原因可能是本研究中的土壤初始碱化度大（$0 \sim 10\text{cm}ESP$ 为 66.6%），经 3 年改良后 ESP 降至 30% 以下，但依然较上述研究的碱化程度高。基于本研究发现的碱化度和干筛团聚体 GMD 和 MWD 的显著负相关关系，可以解释本研究结果偏小的现象。

本书中改良处理的湿筛团聚体 GMD 和 MWD 较空白对照处理略高，表明有一定的改良效果，但总体有限，而且整体上碱化土壤中水稳性团聚体 GMD 和 MWD 远小于机械稳定性团聚体的 GMD 和 MWD，该现象是因为碱化土壤改良过程中团聚体的形成以无机复合体为主，缺乏能胶结土壤颗粒、帮助维持团聚体稳定性的有机质的作用；另外本研究中土壤黏粒含量较低（小于 3%）。Kaewmano 等[163]认为黏粒含量高的盐碱土团聚体稳定性相对高，因为土壤黏粒在团聚体初级聚合中有关键作用。由于不同类型改良处理下特征数值上的差异不高，且相同类型处理间特征差异也比较大，因此对于碱化土壤来说，应用湿筛团聚体 GMD 和 MWD 来评价团聚体结构好坏或不适用。

干筛、湿筛大团聚体的数量与分形维数都是评价团聚体结构好坏及稳定性状况的重要指标。周虎等[139]认为分形维数值能够很好描述不同耕作措施下团聚体结构的变化。Castrignano 等[164]认为土壤团聚体分形维数 D 越大，团聚体分散度越大，且涵养和供给水分的能力越弱。张峰举等[158]发现脱硫副产物施用只对耕层 $0 \sim 20\text{cm}$ 碱化土壤的分形维数有影响。本研究中，改良处理的上述三项指标在 $0 \sim 40\text{cm}$ 深度上都较空白对照处理有明显改善，但各处理间则略有不同。其中，单淋洗处理干、湿筛大团聚体的数量均高于空白对照处理，而干筛团聚体分形维数则略低于空白对照处理，暗示了仅靠淋洗对土壤团聚体质量的提升有限。另外，仅施用脱硫副产物处理的干筛团聚体 $DR_{0.25}$ 在 $0 \sim 10\text{cm}$ 深度上小于空白对照处理，而其分形维数则明显提高，表明虽然其大团聚体数量提升不明显，但在不同粒级团聚体组成上则有改善，有利于维持土壤结构的稳定性。考虑到对不同处理效果的区分，本研究认为，干筛团聚体分形维数或是更好评价碱化土壤团聚体稳定性的指标之一。

碱化土壤饱和导水率与团聚体参数间显著的相关关系表明，土壤团聚体结构的改善有利于土壤水分运动。Lebron 等[165]发现了碱化土壤饱和导水率随土壤团聚体尺寸增加而增加，并认为团聚体尺寸的变化同时也决定了土壤孔隙的特征；梁向峰等[166]研究了不同植被恢复对土壤饱和导水率的影响，发现土壤饱和导水率受容重、毛管孔隙度、水稳性团聚体含量和黏粒含量的综合影响，但是，其认为土壤团聚体影响饱和导水率是通过改变孔隙的特征间接产生；彭舜磊等[167]基于孔径分析研究了水稳性团聚体含量、非毛管孔隙度和土壤颗粒对饱和导水率影响的重要程度，认为非毛管孔隙度对土壤饱和导水率的影响更显著和直接。本章仅讨论了土壤团聚体特征与饱和导水率间的关系，本书将在后几章节探讨孔隙对饱和导水率的影响。

4.6 本章主要结论

本章研究了施用脱硫副产物配合淋洗对碱化土壤剖面团聚体特征参数的影响,主要结论如下:

(1) 施用脱硫副产物并配合淋洗的综合处理显著降低了 $0\sim40cm$ 土壤容重和分形维数 D,提高了土壤饱和导水率以及干筛/湿筛团聚体 GMD 和 MWD、分形维数 D,$DR_{0.25}$ 和 $WR_{0.25}$,说明综合改良措施可以促进土壤团聚体形成,且以高脱硫副产物施用处理 G_2W_1 和 G_2W_2 的影响最为明显。

(2) 仅淋洗处理提高了 $0\sim40cm$ 深度上干筛团聚体 GMD 和 MWD 以及 $DR_{0.25}$,但其分形维数 D 高于空白对照处理;仅施用脱硫副产物处理在 $0\sim10cm$ 深度上的干筛团聚体 GMD 和 MWD 以及 $DR_{0.25}$ 低于空白对照处理,但在 $10\sim40cm$ 深度上则高于空白对照处理甚至仅淋洗处理,且其分形维数 D 在全剖面上低于空白对照处理。

(3) ESP、代换性钠含量及 pH 和碱化土壤干筛/湿筛团聚体 GMD 和 MWD 以及 $DR_{0.25}$ 和 $WR_{0.25}$ 呈显著的负相关关系。饱和导水率与干筛团聚体 GMD 和 MWD 以及 $DR_{0.25}$ 呈极显著正相关关系,而随着分形维数 D 的增大而减小。干筛团聚体 GMD 和 MWD 以及分形维数 D 可作为评价碱化土壤团聚体结构好坏及稳定性的主要指标。

第 5 章

综合改良对碱化土壤粒径分布的影响

土壤颗粒粒径分布（Particle Size Distribution，PSD）是土壤不同直径大小土粒所占的比例，是土壤重要物理特性之一，被广泛认为是反映土壤结构和土壤发育程度的重要指标之一。土壤粒径分布的特征也与土壤水力学、热力学性质以及土壤肥力及孔隙间存在一定的联系。长时间尺度下的风化、成土过程是土壤粒径分布的最重要影响因素。学者研究表明，较短时间尺度下的人类活动（如耕作、施肥）及其造成的土地利用变化（如林地变农田造成的土壤侵蚀）也会对原有土壤粒径分布特性造成影响[74,168]。配合淋洗措施、利用石膏改良盐碱土在实验室尺度上已经证明会造成土壤小颗粒沿土壤孔隙的垂向运移[147]；而在田间中试尺度上，研究结果显示施用石膏改良盐碱土可以有效地增加土壤入渗和降低表层 $0\sim5cm$ 的土壤侵蚀[169]。这些研究证实，改良措施会在一定程度上对表层的土壤颗粒组成特征产生影响。然而，现有研究对于利用脱硫副产物改良碱化土壤后垂直深度上土壤颗粒分布的变化特性的分析还较少。本章基于长期田间中试实验，利用激光粒度仪测定了不同改良处理下碱化土四个深度土壤颗粒的分布规律，并引入多重分形理论，分析了改良措施对土壤颗粒粒径分布特征的影响。

5.1 不同改良处理对土壤颗粒分布与单分形维数的影响

测试区域在 $0\sim40cm$ 和 $40\sim60cm$ 深度上分析样本的土壤质地如图 5.1 所示。按照美国农业部土壤调查手册（*USDA SoilSurvey Manual*）进行划分，$0\sim40cm$ 深度范围内的 81 个土壤样本全部为粉壤土，而 $40\sim60cm$ 的 27 个土壤样本则主要为粉土。粉壤土样本的砂粒数量和粉粒数量变化范围较大，而黏粒含量则相差不大。

图 5.2 给出了不同改良处理下在各深度上粒径体积百分比分布，可以反映出土壤粒径的分布状况。公式土样粒径分布曲线主要呈单峰型，且变化的幅度较大，说明各个粒级内颗粒粒级的百分比数值趋向分散，土壤颗粒分布的非均匀程度较高。另外，直径在 $10\sim100\mu m$ 范围内颗粒含量相对较多。表 5.1 列出了不同改良处理下各深度上黏粒、粉粒和砂粒的体积百分含量及单分形维数。其中，单分形维数是基于式（2.10）、式（2.11）计算得到，其值为 $2.13\sim2.31$，拟合方程的决定系数 R^2 介于 $0.84\sim0.96$，拟合度均达到极显著水平（$p<0.01$）。各处理间相同土层不同类型颗粒含量无明显规律，其原因可能是分层土壤的质地相同，而且本研究所用土样为随机重复试验区取得，在强制的颗粒区分特定类型处理三个重复的粒径体积含量即呈现一定的差异，表现为特定类型处理的颗粒含

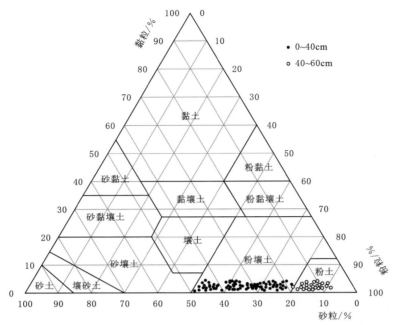

图 5.1 测试区域在 0～40cm 和 40～60cm 深度上分析样本的土壤质地

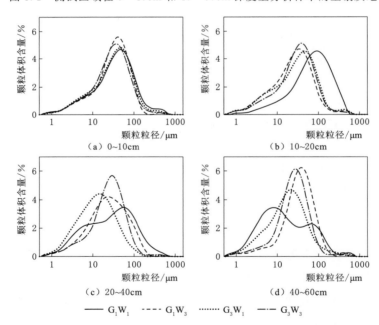

图 5.2 不同改良处理（G_1W_1：施用脱硫副产物并淋洗；G_1W_3：仅施用脱硫副产物；

G_3W_1：仅淋洗；G_3W_3：不施用脱硫副产物且不淋洗）在 0～10cm、

10～20cm、20～40cm、40～60cm 深度上粒径体积百分比分布

量标准差较大。此外，由于单分形维数与黏粒含量间存在着显著正相关关系，本章节中各处理黏粒含量差异较小导致了各处理间的单分形维数差异亦不明显。考虑到粒径含量分析

与单分形维数均只刻画了土壤粒径分布非均匀特性的整体特征而缺乏对粒径分布细致特征的描述，因而引入精度更高的多重分形参数来描述改良影响下土壤粒径非均匀性非常必要。

表 5.1　　不同改良处理下 0～10cm、10～20cm、20～40cm、40～60cm 深度上黏粒、

粉粒和砂粒的体积百分含量及单分形维数

改良处理	0～10cm				10～20cm			
	砂粒/%	粉粒/%	黏粒/%	D_s	砂粒/%	粉粒/%	黏粒/%	D_s
G_1W_1	37.46±2.79	60.50±2.68	2.04±0.36	2.19±0.04	38.92±2.43	58.38±2.35	2.7±0.21	2.20±0.02
G_1W_2	40.18±9.12	56.89±8.43	2.93±0.81	2.24±0.08	39.02±5.60	58.58±5.35	2.4±0.27	2.16±0.02
G_1W_3	29.96±10.45	67.63±10.08	2.41±0.41	2.17±0.05	29.55±12.53	67.71±11.65	2.74±0.88	2.25±0.01
G_2W_1	28.21±2.50	69.19±2.64	2.59±0.14	2.20±0.03	39.15±9.37	58.87±8.63	1.99±0.75	2.22±0.02
G_2W_2	25.45±8.41	71.42±8.03	3.13±0.38	2.21±0.01	29.54±7.18	67.06±6.12	3.41±1.12	2.29±0.05
G_2W_3	38.52±2.57	58.80±2.25	2.67±0.48	2.20±0.02	46.84±8.37	51.33±7.98	1.83±0.77	2.25±0.06
G_3W_1	32.27±0.22	64.86±0.61	2.87±0.82	2.20±0.02	38.29±9.23	58.77±8.71	2.94±0.66	2.21±0.04
G_3W_2	27.35±0.08	70.04±0.05	2.61±0.03	2.20±0.01	32.49±0.79	64.88±0.67	2.63±0.19	2.21±0.03
G_3W_3	30.71±6.42	66.95±5.76	2.34±0.67	2.22±0.01	26.76±1.46	70.78±1.00	2.47±0.52	2.23±0.05
改良处理	20～40cm				40～60cm			
	砂粒/%	粉粒/%	黏粒/%	D_s	砂粒/%	粉粒/%	黏粒/%	D_s
G_1W_1	33.39±3.28	63.26±2.63	3.35±0.66	2.23±0.04	24.48±4.79	70.55±3.86	4.97±1.14	2.29±0.02
G_1W_2	39.24±7.02	57.70±6.93	3.05±0.73	2.24±0.06	22.64±0.61	72.29±7.79	5.07±0.61	2.28±0.01
G_1W_3	28.55±4.63	68.98±4.48	2.47±0.28	2.22±0.05	26.95±0.19	71.26±0.26	1.79±0.07	2.14±0.01
G_2W_1	28.27±2.16	69.67±1.94	2.06±0.35	2.16±0.03	13.84±5.26	83.62±4.90	2.53±0.61	2.20±0.04
G_2W_2	25.46±11.55	70.61±10.27	3.93±1.28	2.27±0.07	23.39±5.19	72.75±5.34	3.86±0.43	2.25±0.03
G_2W_3	30.93±13.84	65.30±12.86	3.78±1.18	2.30±0.05	17.08±2.09	76.95±0.40	5.98±1.69	2.35±0.07
G_3W_1	30.14±1.30	66.07±2.21	3.79±0.91	2.25±0.02	16.47±9.45	78.80±9.38	4.73±0.20	2.31±0.01
G_3W_2	26.80±2.78	70.84±2.98	2.36±0.38	2.19±0.02	22.65±3.21	75.66±3.08	1.69±0.14	2.13±0.01
G_3W_3	19.35±8.08	77.44±7.70	3.21±0.39	2.24±0.03	20.02±5.47	77.32±5.62	2.66±0.25	2.22±0.02

5.2　不同改良处理对土壤颗粒粒径分布多重分形参数的影响

图 5.3 显示了不同改良处理在各深度上的质量指数函数谱，可看出 $\tau(q)$ 在 4 个深度上的特点及与单分形函数分布间的差异，可以看出，所有处理的 $\tau(q)$ 均呈现出负曲率，且对所有的 $q<0$，$\tau(q)$ 均与单分形函数分布间呈现较大的差异，表明各深度上碱化土壤的颗粒分布均有明显的多重分形特征，应用多重分形参数对土壤粒径的分布特征进行描述具有可行性。图 5.4 显示了不同改良处理在各深度上的土壤粒径分布的多重分形维数谱。

所有谱线均为明显的上凸形曲线且呈现出明显的不对称性。整体上，谱线的右枝要长于左枝。基于多重分形理论可知，多重分形计算考虑了对计算域的不同尺度的划分，因而能提取出土壤粒径分布中不同尺度下的更多信息。

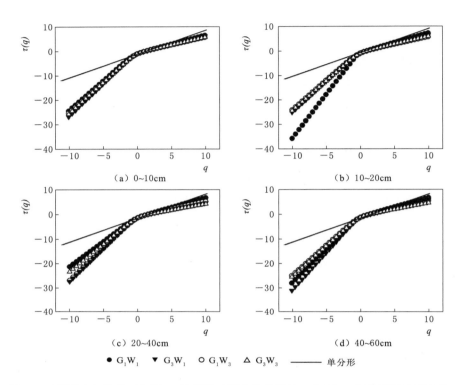

图 5.3　不同改良处理（G_1W_1：施用脱硫副产物并淋洗；G_1W_3：仅施用脱硫副产物；
G_3W_1：仅淋洗；G_3W_3：不施用脱硫副产物且不淋洗）在 $0\sim10$cm、
$10\sim20$cm、$20\sim40$cm、$40\sim60$cm 深度上的质量指数函数谱

　　表 5.2 列出了不同改良处理下各深度上土壤颗粒粒径分布的多重分形谱参数。多重分形参数基于广义维数谱和多重分形谱的形状和对称程度得到。值得注意的是，本章节中所有的样本 D_0 等于 1，表明所有子区域均有分布，这与本书在选取多重分形测量尺度有关。在该条件下，信息熵维数 D_1 反映了颗粒分布的集中度和不均匀程度。D_1 值越大说明土壤粒径分布范围越广，且各子区域的体积百分比在各尺度上呈现均匀分布，即分布的异质性越大；而当 D_1 越趋近 0 时，则表明大多数测量值集中在某一个特定的小区域内。其他多重分形参数包括描述整个多重分形结构奇异强度平均值的 α_0，多重分形谱的最大最小值以及谱宽 $\alpha_{\max}$、$\alpha_{\min}$ 和 $\Delta\alpha$，多重分形谱左枝和右枝宽度为 $\alpha_0-\alpha_{\min}$ 和 $\alpha_{\max}-\alpha_0$。另外，为研究主要处理措施（脱硫副产物施用和淋洗）对各指标的影响，本节基于一般线性模型进行了分析，主要结果列于表 5.3。

　　在 $0\sim10$cm 深度上，无改良处理 G_3W_3 的 D_1、D_2 和 $\alpha_{\min}$ 值均较小，而 G_1W_2，

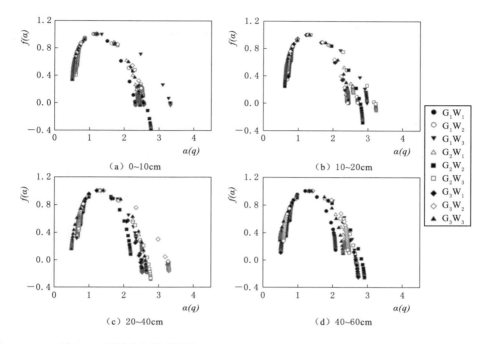

图 5.4　不同改良处理下在 0～10cm、10～20cm、20～40cm、40～60cm
深度上的土壤粒径分布的多重分形维数谱

G_2W_3 处理的 D_1、D_2 和 α_{min} 值则显著高于其他处理。G_1W_2、G_2W_2 和 G_2W_3 处理下多重分形谱谱宽和右枝宽（$\Delta\alpha$ 和 $\alpha_{max}-\alpha_0$）显著高于其他处理，而在空白对照处理 G_3W_3 的左枝宽 $\alpha_0-\alpha_{min}$ 显著高于多数处理。在该深度上，脱硫副产物施用量和淋洗量对 D_1、D_2、α_{min}、$\alpha_{max}-\alpha_0$ 和 $\alpha_0-\alpha_{min}$ 都有显著的影响，而淋洗量对于上述指标的影响更为主要。在相同脱硫副产物施用量条件下，淋洗处理的 D_1、D_2、α_{min} 均略高于未淋洗处理〔如对 D_1 和 D_2 均有：G_1W_2（0.871，0.835）＞G_1W_1（0.841，0.794）＞G_1W_3（0.786，0.783）〕。在 10～20cm 深度上，无改良处理 G_3W_3 的 D_1 和 D_2 值均显著小于其他处理，而 $\alpha_0-\alpha_{min}$ 值显著高于其他处理。对应的，在该深度上施用脱硫副产物和淋洗对 D_1 和 D_2 的综合影响显著，但是各自的影响并不明显。需要注意的是，在该深度上 G_2W_3 处理下的除 D_1，D_2 指标外，其他指标均显著高于其他处理。

在 20～40cm 深度上，脱硫副产物施用处理较未施用的处理的 D_1，D_2 值均略高〔如 G_2W_3（0.852，0.832）＞G_1W_3（0.789，0.729）＞G_3W_3（0.764，0.680）〕。而淋洗则对上述两个指标的影响有限。类似的，在该深度上仅脱硫副产物的对 α_{min} 和 $\alpha_0-\alpha_{min}$ 影响在 $p<0.05$ 水平上显著。在 40～60cm 深度上，脱硫副产物施用和淋洗均对 D_1，D_2 和 α_{min} 有显著的影响，但其综合效应不明显，如脱硫副产物施用和淋洗均能显著提高 D_1，但在高脱硫副产物施用量和高淋洗量处理下的 D_1 值并无显著变化，甚至略有降低。

表 5.2　不同改良处理下各深度上土壤颗粒粒径分布的多重分形谱参数

深度/cm	改良处理	D_1	D_2	α_{max}	α_{min}	$\Delta\alpha$	α_0	$\alpha_{max}-\alpha_0$	$\alpha_0-\alpha_{min}$
0~10	G_1W_1	0.841±0.011b	0.794±0.006b	2.500±0.058b	0.700±0.008b	1.800±0.066b	1.273±0.038c	1.227±0.019b	0.573±0.047c
	G_1W_2	0.871±0.016a	0.835±0.013a	2.839±0.242ab	0.754±0.003a	2.086±0.245ab	1.251±0.012c	1.588±0.230a	0.498±0.015d
	G_1W_3	0.786±0.010c	0.723±0.008d	2.584±0.074b	0.608±0.003d	1.976±0.077b	1.368±0.012a	1.216±0.086b	0.760±0.009a
	G_2W_1	0.815±0.019bc	0.752±0.022c	2.439±0.073b	0.643±0.024cd	1.796±0.097b	1.290±0.037c	1.150±0.036b	0.647±0.061b
	G_2W_2	0.832±0.005b	0.787±0.011b	2.896±0.024a	0.700±0.036b	2.195±0.014a	1.321±0.046abc	1.574±0.028a	0.621±0.015bc
	G_2W_3	0.853±0.013ab	0.817±0.012ab	2.763±0.117ab	0.720±0.003ab	2.042±0.114ab	1.290±0.110bc	1.472±0.117a	0.570±0.003c
	G_3W_1	0.842±0.019ab	0.791±0.021b	2.535±0.144b	0.705±0.024b	1.830±0.168b	1.265±0.042c	1.270±0.102b	0.560±0.065cd
	G_3W_2	0.815±0.029bc	0.756±0.027c	2.637±0.094b	0.655±0.023c	1.983±0.071b	1.353±0.048a	1.285±0.046b	0.698±0.025ab
	G_3W_3	0.787±0.029c	0.720±0.026d	2.546±0.093b	0.610±0.022d	1.936±0.070b	1.322±0.048a	1.225±0.045b	0.711±0.026a
10~20	G_1W_1	0.852±0.012a	0.809±0.012ab	2.478±0.088c	0.715±0.010ab	1.763±0.096c	1.260±0.040b	1.218±0.049bc	0.545±0.049c
	G_1W_2	0.843±0.013a	0.795±0.011ab	2.621±0.084b	0.691±0.010ab	1.931±0.094bc	1.279±0.020b	1.342±0.067bc	0.589±0.029bc
	G_1W_3	0.820±0.024b	0.766±0.056b	2.630±0.306b	0.667±0.104b	1.962±0.202bc	1.318±0.032ab	1.312±0.274bc	0.651±0.072b
	G_2W_1	0.836±0.013ab	0.784±0.012ab	2.600±0.040b	0.688±0.010ab	1.911±0.029bc	1.301±0.020b	1.299±0.020bc	0.612±0.009bc
	G_2W_2	0.829±0.017ab	0.771±0.020b	2.675±0.182b	0.637±0.0208b	2.038±0.210b	1.293±0.044b	1.382±0.139b	0.656±0.072ab
	G_2W_3	0.853±0.022a	0.821±0.022a	3.282±0.086a	0.736±0.019a	2.546±0.067a	1.365±0.036a	1.917±0.050a	0.629±0.016bc
	G_3W_1	0.852±0.018a	0.803±0.027ab	2.480±0.058b	0.693±0.020ab	1.787±0.078c	1.249±0.018b	1.231±0.041bc	0.556±0.038c
	G_3W_2	0.822±0.006b	0.767±0.009b	2.432±0.087b	0.671±0.019ab	1.761±0.077c	1.295±0.020b	1.137±0.075c	0.624±0.03bc
	G_3W_3	0.793±0.016c	0.734±0.011c	2.724±0.276b	0.634±0.015b	2.090±0.261b	1.361±0.041a	1.362±0.235bc	0.727±0.026a

续表

深度/cm	改良处理	D_1	D_2	α_{max}	α_{min}	$\Delta\alpha$	α_0	$\alpha_{max}-\alpha_0$	$\alpha_0-\alpha_{min}$
20~40	G_1W_1	0.862±0.002a	0.822±0.004a	2.546±0.034b	0.752±0.015a	1.794±0.019b	1.246±0.008b	1.300±0.026b	0.494±0.008b
	G_1W_2	0.848±0.014a	0.809±0.024a	2.927±0.238ab	0.714±0.056ab	2.213±0.198ab	1.310±0.033ab	1.617±0.218ab	0.595±0.065b
	G_1W_3	0.789±0.012b	0.729±0.007bc	2.855±0.764ab	0.626±0.015bc	2.229±0.751ab	1.385±0.109a	1.470±0.658ab	0.759±0.096ab
	G_2W_1	0.795±0.019b	0.730±0.014bc	2.445±0.076b	0.623±0.019bc	1.822±0.056b	1.329±0.003ab	1.116±0.078b	0.706±0.022ab
	G_2W_2	0.837±0.012ab	0.787±0.012ab	2.478±0.290b	0.707±0.026ab	1.770±0.316b	1.272±0.013ab	1.205±0.277b	0.565±0.039b
	G_2W_3	0.852±0.027a	0.832±0.026a	2.894±0.092ab	0.766±0.024a	2.128±0.068ab	1.248±0.040b	1.646±0.052ab	0.482±0.015b
	G_3W_1	0.832±0.057b	0.788±0.061ab	2.757±0.305ab	0.721±0.064ab	2.036±0.359ab	1.325±0.142ab	1.431±0.165ab	0.605±0.200b
	G_3W_2	0.793±0.035b	0.749±0.033b	3.233±0.144a	0.667±0.030b	2.566±0.114a	1.379±0.061a	1.854±0.082a	0.713±0.032ab
	G_3W_3	0.764±0.044b	0.680±0.065c	2.536±0.111b	0.550±0.094c	1.986±0.202b	1.369±0.052a	1.167±0.078b	0.818±0.142a
40~60	G_1W_1	0.859±0.012a	0.822±0.010a	2.661±0.569b	0.741±0.030ab	1.921±0.578bc	1.273±0.066c	1.388±0.504bc	0.533±0.076d
	G_1W_2	0.853±0.019a	0.814±0.021a	2.663±0.251b	0.752±0.011a	1.911±0.260bc	1.274±0.038c	1.389±0.278bc	0.522±0.038d
	G_1W_3	0.753±0.027c	0.695±0.025bc	2.706±0.097b	0.592±0.021b	2.114±0.075bc	1.451±0.052a	1.255±0.045bc	0.859±0.031a
	G_2W_1	0.837±0.013ab	0.809±0.013a	3.607±0.056a	0.704±0.011ab	2.903±0.045a	1.338±0.021a	2.268±0.035a	0.634±0.010c
	G_2W_2	0.834±0.037ab	0.786±0.035ab	2.931±0.132b	0.666±0.030b	2.265±0.102bc	1.328±0.06bc	1.603±0.072bc	0.662±0.030c
	G_2W_3	0.753±0.027c	0.675±0.025c	2.691±0.098b	0.559±0.020c	2.132±0.078bc	1.381±0.050ab	1.310±0.048bc	0.822±0.03ab
	G_3W_1	0.803±0.042b	0.739±0.073b	2.978±0.608b	0.598±0.106bc	2.379±0.515b	1.356±0.011b	1.622±0.605b	0.757±0.099b
	G_3W_2	0.758±0.013bc	0.701±0.011bc	2.471±0.044b	0.598±0.009bc	1.872±0.038c	1.443±0.025ab	1.027±0.019c	0.845±0.019ab
	G_3W_3	0.748±0.041c	0.661±0.061c	2.495±0.189b	0.548±0.062c	1.947±0.127bc	1.370±0.022c	1.125±0.211b	0.822±0.084ab

注：同一列的参数字母不同，表示在 $p<0.05$ 水平下存在显著差异。

表 5.3　脱硫副产物施用量（G）和水分淋洗量（W）对土壤粒径分布多重分形特征的影响

影响因子	D_1 均方	D_1 p	D_2 均方	D_2 p	α_{max} 均方	α_{max} p	α_{min} 均方	α_{min} p	$\Delta\alpha$ 均方	$\Delta\alpha$ p	α_0 均方	α_0 p	$\alpha_{max}-\alpha_0$ 均方	$\alpha_{max}-\alpha_0$ p	$\alpha_0-\alpha_{min}$ 均方	$\alpha_0-\alpha_{min}$ p
0~10cm																
G	0.001	0.048*	0.002	0.002**	0.036	0.102	0.003	0.005**	0.021	0.267	0.001	0.629	0.044	0.029*	0.006	0.024*
W	0.002	0.003**	0.004	0.000**	0.202	0.000**	0.007	0.000**	0.179	0.000**	0.006	0.024*	0.166	0.000**	0.020	0.000**
G*W	0.003	0.000**	0.007	0.000**	0.033	0.089	0.010	0.000**	0.011	0.546	0.006	0.008**	0.059	0.003**	0.030	0.000**
10~20cm																
G	0.001	0.043*	0.002	0.081	0.257	0.001**	0.002	0.347	0.240	0.001**	0.003	0.106	0.217	0.001**	0.005	0.111
W	0.001	0.010*	0.002	0.078	0.335	0.000**	0.002	0.220	0.352	0.000**	0.015	0.000**	0.209	0.001**	0.021	0.001**
G*W	0.001	0.006**	0.003	0.008**	0.090	0.031*	0.005	0.039*	0.060	0.054	0.001	0.458	0.089	0.008**	0.005	0.055
20~40cm																
G	0.004	0.030*	0.006	0.015*	0.134	0.274	0.008	0.040*	0.190	0.176	0.013	0.090	0.069	0.377	0.040	0.024*
W	0.002	0.108	0.003	0.085	0.201	0.153	0.007	0.052	0.221	0.138	0.003	0.575	0.172	0.106	0.017	0.162
G*W	0.004	0.006**	0.011	0.000**	0.245	0.075	0.022	0.000**	0.192	0.149	0.010	0.121	0.252	0.022*	0.055	0.002**
40~60cm																
G	0.007	0.003**	0.014	0.001**	0.516	0.013*	0.029	0.000**	0.518	0.007**	0.008	0.030*	0.561	0.007**	0.066	0.000**
W	0.017	0.000**	0.032	0.000**	0.543	0.011*	0.037	0.000**	0.396	0.018*	0.014	0.003**	0.702	0.003**	0.095	0.000**
G*W	0.002	0.117	0.002	0.382	0.190	0.130	0.003	0.196	0.189	0.089	0.013	0.001**	0.172	0.130	0.026	0.000**

注：* 在 0.05 水平（双侧）上显著相关。

　　** 在 0.01 水平（双侧）上显著相关。

5.3　多重分形参数与土壤颗粒组分的关系

为进一步明确多重分形参数与土壤颗粒之间的关系，表 5.4 列出了多重分形参数与土壤质地的相关分析。由表 5.4 中信息可知，砂粒含量与 D_1、D_2、α_{min} 以及 $\alpha_{max}-\alpha_0$ 呈极显著正相关关系（$p<0.01$），并与 $\alpha_0-\alpha_{min}$ 呈极显著负相关关系；而粉粒含量与上述所有指标的关系则与砂粒含量相反。值得注意的是，本研究中黏粒含量并未与多重分形参数间呈现较好的相关性，表明碱化土壤中多重分形参数的变化与黏粒段的土壤颗粒变化关系较小。

表 5.4　　　　　　　　　多重分形参数与土壤质地的相关分析

参数	D_1	D_2	α_{max}	α_{min}	$\Delta\alpha$	α_0	$\alpha_{max}-\alpha_0$	$\alpha_0-\alpha_{min}$	砂粒	粉粒	黏粒
D_2	0.981**	1									
α_{max}	0.134	0.243*	1								
α_{min}	0.904**	0.953**	0.241*	1							
$\Delta\alpha$	-0.059	0.042	0.977**	0.030	1						
α_0	-0.759**	-0.637**	0.466**	-0.530**	0.596**	1					
$\alpha_{max}-\alpha_0$	0.304*	0.396*	0.983**	0.372*	0.931**	0.294**	1				
$\alpha_0-\alpha_{min}$	-0.954**	-0.917**	0.111	-0.886**	0.307*	0.862**	-0.061	1			
砂粒	0.559**	0.617**	0.233	0.558**	0.118	-0.255*	0.305*	-0.473**	1		
粉粒	-0.615**	-0.670**	-0.232*	-0.609**	-0.105	0.303	-0.314*	0.529**	-0.996**	1	
黏粒	0.142	0.081	-0.155	0.097	-0.181	-0.254*	-0.115	-0.197	-0.665**	0.599**	1

注：＊在 0.05 水平（双侧）上显著相关。

　　＊＊在 0.01 水平（双侧）上显著相关。

5.4　讨　　论

本章中的土壤质地是基于 *USDA Soil Survey Manual* 进行分类的，结果表明每种成分的粒度范围很广。因此，即使改良处理对碱土的颗粒粒径分布有影响，也很难通过该分类方法灵敏地反映出来。对所采集土壤样品的颗粒粒径分布进行了测量，发现几乎所有的改良盐碱土仍为粉质壤土，与原始背景质地没有明显差异。一方面研究结果表明，通过土壤质地的变化来评价石膏对颗粒粒径分布和盐碱土质量的影响并不敏感；另一方面土壤理化性质测定结果显示，改良处理显著（$p<0.05$）提高了土壤团聚体粒径、总孔隙度和饱和导水率，并降低了 pH。这表明改良处理可能显著影响了盐碱土的颗粒粒径分布。然而，仅通过分析颗粒粒径组成和土壤质地，还不能较好地量化这种影响。

不同改良处理下颗粒粒径分布的单分形维数 D_s 值见表 5.1。D_s 值在 2.13～2.31，拟合程度极显著（$p<0.01$）。然而，9 个处理的颗粒粒径分布 D_s 值差异不显著（$p>0.05$）。值得注意的是，通过多重分形分析，我们区分了不同改良处理对颗粒粒径分布的显著差异（$p < 0.05$）（表 5.2）。之前的报告也证实了多重分形方法在表征土壤颗粒粒径分布方面的有效性[67,168]。结果表明，反映颗粒粒径分布的浓度、均匀性和对称性的 4 个典型多重分形参数（（D_1、D_2、α_{min}、和 $\alpha_0 - \alpha_{min}$）与粉砂浓度呈极显著相关（$p < 0.01$）。其中，熵维 D_1 是表征颗粒粒径分布异质性的常用预测指标[68,74,208]，其他 3 个指标反映的颗粒粒径分布特征实际上与 D_1 基本一致。D_1 表示颗粒分布测量范围的浓度，表征了颗粒大小的均匀性或集中分布性。D_1 值越大，土壤粒度分布越不均匀，则具有更丰富的土壤质地类型。本章中所研究盐碱土的 D_1 值在 $0.786 \sim 0.871$（$p < 0.05$），这与前人在同类型土壤中得到的结果（$0.80 \sim 0.84$）接近[74]。

与空白对照处理相比，脱硫石膏和淋洗水处理显著提高了 $0 \sim 60cm$ 深度的 D_1 值，说明改良处理可能降低了小颗粒（粉粒）的分布，从而增加了颗粒粒径的分散程度。孔隙结构本质上依赖于土壤颗粒粒径分布，而水力传导度已被广泛报道与土壤颗粒粒径分布密切相关[52]。本章中，改良处理后 $0 \sim 60cm$ 深度的土壤团聚体粒径、总孔隙度和饱和导水率显著增加，这可能是改良处理引起碱土颗粒的重新分配而导致 $0 \sim 60cm$ 深度土壤质量的改善。D_1 值与粉粒含量之间的相关性得到了前人研究结论的支持[68]。

此外，多重分形谱的谱型、谱宽等信息同样可以描述分形结构在不同区域、不同层次以及不同局域条件下的特性，也代表了土壤属性的空间异质性和不均匀性。本章节中，改良处理在所有深度上对代表整个分形结构上物理量概率测度分布不均匀程度的多重分形谱谱宽 $\Delta\alpha$ 影响不显著（表 5.2）。然而，所有样本多重分形谱均呈现不对称特性且右枝宽度（$\alpha_{max} - \alpha_0$）大于左枝宽度（$\alpha_0 - \alpha_{min}$）且各样本的左右枝宽度比差异较大（图 5.5），表明各样本的异质性程度有较大不同[68-69]。类似的多重分形谱右枝宽度大于左枝宽度的特性在对于壤土和黏壤土样品的研究中也被证实，而在粉质黏土样品中则左、右枝宽度相近[76]。本研究中左枝宽度与 D_1，D_2 和粉粒含量均呈极显著相关关系，且在改良处理影响下的变化特点与 D_1，D_2 相反，因此多重分形谱左枝宽度也可以作为反映碱化土壤粒径分布复杂程度的潜在指标。

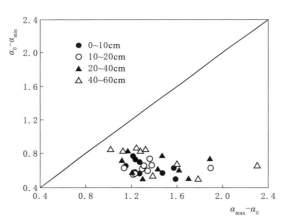

图 5.5　试验样本粒径分布多重分形谱左枝宽度（$\alpha_0 - \alpha_{min}$）与右枝宽度（$\alpha_{max} - \alpha_0$）的相互关系

5.5　本章主要结论

本章利用激光粒度仪分析了不同处理下碱化土壤剖面土壤颗粒粒径分布情况，对各处理下粒径分布的非均匀性进行了定量表征，主要结论如下：

（1）田间尺度上利用脱硫副产物配合淋洗改良碱化土壤的处理对于 $0\sim60cm$ 内土壤黏粒、粉粒和砂粒组分以及单分形维数影响不显著。

（2）在 $0\sim10cm$ 深度上，脱硫副产物施用和淋洗对多重分形参数 D_1，D_2，α_{min}，$\alpha_{max}-\alpha_0$，$\alpha_0-\alpha_{min}$ 均有显著影响，且改良处理的多重分形参数 D_1 均高于空白对照处理；在 $10\sim20cm$ 深度上，淋洗主要影响了多重分形参数；而在 $20\sim40cm$ 深度上，脱硫副产物施用量对多重分形参数的影响更显著。

第 6 章

综合改良对碱化土壤二维孔隙结构的影响

　　土壤孔隙是土壤结构评价中非常重要的一个指标。土壤容重变化、团聚体数量变化都会对土壤孔隙产生影响，同时土壤孔隙也在土壤水汽运动以及作物根系发育中起到了关键作用。已有研究表明，土壤孔隙特征，如孔隙大小、孔隙形状以及孔隙的空间分布会直接影响到土壤溶质运移以及生物化学动力学过程，如仅占整体土壤空间较小部分的土壤大孔隙会成为优先流产生的主要区域[113]。对于碱化土壤改良而言，改善土壤孔隙状况也是提升土壤结构质量的主要内容。Qadir 等[14] 对 1900—2001 年间碱化土壤改良的文献进行了综述，他们指出"碱化土壤改良的最终目标是产生适宜水分运动、适宜作物根系发育、大量而稳定的土壤孔隙"。因此，为了更全面的评价碱化土壤的改良效果，并基于此制定更科学的改良方案，有必要对于碱化土壤改良过程中的土壤孔隙变化进行定量描述。

　　现有关于石膏改良碱化土壤过程中土壤孔隙变化特征的研究主要采用的是容重法（即计算总孔隙度）和土壤切片法（即制作树脂土壤薄片然后利用显微镜或扫描电镜对土壤孔隙进行观测）。值得注意的是，容重法仅能得到整体的总孔隙度而无法细致描述孔隙的特点，而土壤切片法本身需要对土体有扰动的影响。利用 CT 扫描可以原状无损的提取土壤孔隙的信息，并且广泛应用在研究其他措施对孔隙的影响中。因此，本章将利用工业 CT 扫描原状土得到土壤二维孔隙图像，定量化研究不同脱硫石膏施用配合淋洗的改良方式对盐碱土剖面上土壤孔隙的作用效应。

6.1　不同改良处理对孔隙度及孔径分布的影响

　　表 6.1 中显示了不同改良处理下各深度上土壤二维孔隙参数，基于容重测定的容重总孔隙度，基于二维图像分析得到的图像总孔隙度（Image - based Total Porosity）、大孔隙度、中孔隙度、小孔隙度、不同形状孔隙的孔隙度及分形维数。本研究中的图像总孔隙度受限于图像分辨率，所指代的孔隙为等量直径大于 $34\mu m$ 的孔隙，其在数值上小于容重总孔隙度。这是因为在实际土体中存在着更多不可见孔隙。考虑到直径较小的孔隙多为非功能性孔隙，因此本书对该类型孔隙不进行深入探讨。

　　从整体趋势来看，各处理的图像总孔隙度均随深度增加而增加。基于平均值得到的估算表明，大孔隙度在 4 个深度上分别占图像总孔隙度的 59%、48%、48% 和 49%，而中孔隙度则分别占到图像总孔隙度的 38%、47%、46% 和 46%。在 0～20cm 深度上，综合处理 CB 的图像总孔隙度、大孔隙度、中孔隙度均显著高于空白对照处理 CK。在 4 个综合处理中，高脱硫副产物施用量、低淋洗量处理 G_2W_1 下的图像总孔隙度（10cm：0.199m^3/m^3；20cm：0.170m^3/m^3）和大孔隙度（10cm：0.156m^3/m^3；20cm：0.116m^3/m^3）最高（图 6.1）。高脱硫副产物施用量、高淋洗量处理 G_2W_2 下的中孔隙度（0.068m^3/m^3）则在 0～10cm 深度上最大，为空白对照处理 G_3W_3 值（0.024m^3/m^3）的 2.8 倍。图 6.1 中显示了不同改良处理下在 4 个不同深度上的土壤孔隙分布特征，表明综合处理中等量直径大于 1000μm 的孔隙增加是大孔隙度显著高于其他处理类型的主要原因，而等量直径为 200～400μm 的孔隙增加则有助于中孔隙度的提高。

表 6.1 　　**不同改良处理下 0～10cm、10～20cm、20～40cm、40～60cm 深度上土壤二维孔隙参数** 　　单位：m^3/m^3

深度/cm	处理	容重总孔隙度	图像总孔隙度	大孔隙度	中孔隙度	小孔隙度	规则孔隙度	不规则孔隙度	长孔隙度	分形维数 D
0～10	CB	0.433a	0.173a	0.116a	0.053a	0.004b	0.049a	0.070a	0.054a	1.75a
	SI	0.398b	0.093b	0.050b	0.040b	0.003b	0.037b	0.039b	0.017b	1.58b
	CK	0.377c	0.060c	0.034c	0.023c	0.003b	0.016c	0.026c	0.018b	1.52c
10～20	CB	0.407a	0.121a	0.067a	0.048a	0.006a	0.033a	0.051a	0.037a	1.68a
	SI	0.374b	0.053b	0.023b	0.028b	0.002b	0.024b	0.022b	0.007b	1.50b
	CK	0.375b	0.028c	0.012b	0.014b	0.002b	0.010b	0.010c	0.008b	1.37c
20～40	CB	0.426a	0.085a	0.051a	0.031a	0.003b	0.029a	0.035a	0.021a	1.59a
	SI	0.401b	0.065b	0.027b	0.032a	0.006a	0.028a	0.028b	0.009b	1.52b
	CK	0.403b	0.052c	0.016b	0.031a	0.005a	0.018b	0.021c	0.013b	1.52b
40～60	CB	0.456a	0.071a	0.035a	0.034a	0.002a	0.032a	0.028a	0.011a	1.51a
	SI	0.448b	0.051b	0.023b	0.025b	0.003a	0.025b	0.019b	0.007a	1.48b
	CK	0.414c	0.026c	0.013c	0.011c	0.002a	0.008c	0.011c	0.007a	1.34c

注：同一列参数的字母不同，表示在 $p<0.05$ 水平下存在显著差异。

在 20～40cm 深度，等量直径在 500～1000μm 之间的孔隙度低于等量直径大于 1000μm 的孔隙度，而在 40～60cm 深度则相反。综合处理与空白对照处理在 20～40cm 深度上的中孔隙度没有显著差异。本章节中在脱硫副产物施用后将其与 0～20cm 深度土壤进行了翻耕混合，因此 20～40cm 深度的土壤孔隙度提高与上层 Ca^{2+} 被溶解和运输到该土层发生的代换效应有关。

单一处理整体上同样提高了各深度上的图像总孔隙度，但是在 10～40cm 深度内的大孔隙度提升不显著（表 6.1）。值得注意的是，不同单一处理对土壤孔隙的影响差别较大。如图 6.2 所示，仅施用脱硫副产物处理在 0～10cm 深度上相比空白对照处理的图像总孔隙度，大孔隙度和中孔隙度均较低，而在 10～60cm 深度则显著高于空白对照处理，在 20～40cm 深度 G_1W_3（0.046m^3/m^3）和 G_2W_3（0.044m^3/m^3）处理的中孔隙度甚至高于其他处理。与之相反，仅淋洗处理在 0～10cm 深度的各孔隙度值均大于空白对照处理，但该类型处理对于深层次土壤孔隙度的提升效果则有限。其中，在 20～40cm 深度 G_3W_2 处理下的图像总孔隙度（0.039m^3/m^3）和中孔隙度（0.020m^3/m^3）甚至低于空白对照处理（图像总孔隙度：0.053m^3/m^3；中孔隙度：0.031m^3/m^3）。

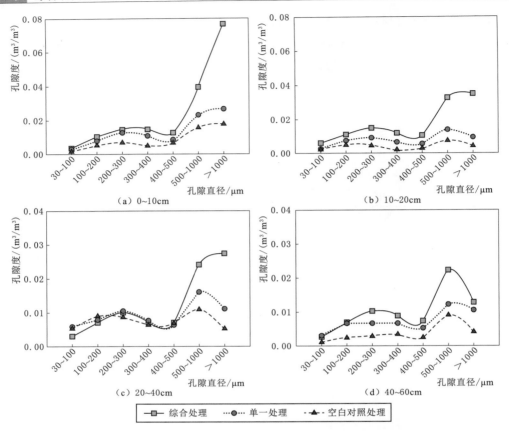

图 6.1　不同改良处理下在 0～10cm、10～20cm、20～40cm、40～60cm 深度上的土壤孔隙分布特征

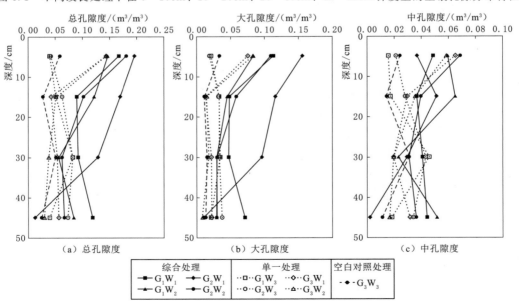

图 6.2　不同改良处理下在 0～10cm、10～20cm、20～40cm、40～60cm 深度上
的土壤图像总孔隙度、大孔隙度和中孔隙度

6.2　不同改良处理对孔隙形状与分形特征的影响

图 6.3 中显示了不同改良处理下各深度上的土壤孔隙和分形维数分布特征。从整体趋势来看，在不同土层深度，综合处理下所有形状孔隙的孔隙度均高于空白对照处理，其中不规则孔隙的提升幅度较高（在 0～10cm、10～20cm 和 20～40cm 深度分别提升了 0.044m³/m³，0.041m³/m³，0.014m³/m³）。高脱硫副产物处理 G_2W_1 和 G_2W_2 在 0～20cm 深度的不规则孔隙度高于其他所有处理。单一处理对长孔隙度没有明显的影响，但提升了全深度上规则孔隙度和不规则孔隙度，其中规则孔隙度的提升幅度最高，在 0～10cm、10～20cm、20～40cm、和 40～60cm 深度分别提升了 0.021m³/m³，0.014m³/m³，0.01m³/m³ 和 0.017m³/m³。而综合处理主要提升了表层的长孔隙度（0～10cm 深度长孔隙度相比空白对照处理增加 0.054m³/m³，在 10～20cm 深度增加了 0.037m³/m³）。就分形几何与分形维数而言，从整体趋势上看，孔隙分形维数 D 随深度的增加而减小（在 0～10cm、10～20cm、20～40cm 和 40～60cm 深度，所有处理分形维数平均值分别为 1.65、

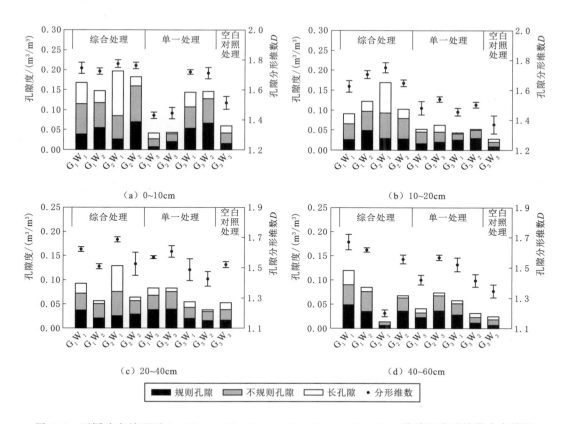

图 6.3　不同改良处理下 0～10cm、10～20cm、20～40cm、40～60cm 孔隙和分形维数分布特征

1.57、1.55 和 1.48)。综合处理下的孔隙分形维数 D 在各个深度均显著高于空白对照处理 (表 6.1)。高脱硫副产物配合低淋洗量处理下的分形维数在 0~10cm 和 10~20cm 深度高于其他处理,分别为 1.78 和 1.75 (图 6.3)。单一处理对表层 0~20cm 土壤的孔隙分形维数 D 提升显著,但是仅施用脱硫副产物处理下 0~10cm 深度上的分形维数 (G_1W_3:1.43;G_2W_3:1.45)低于空白对照处理 G_3W_3 (1.52),而仅淋洗处理下孔隙分形维数 (G_3W_1:1.49;G_2W_3:1.43)则在 20~40cm 深度低于空白对照处理。

综合施用脱硫副产物并进行淋洗可对土壤孔隙产生显著而积极的影响,但仅就单一处理方式而言,其影响效果随深度和处理组合的不同而表现出明显的差异。在 0~20cm 深度,进行相同水分淋洗的条件下,脱硫副产物施用量越高则图像总孔隙度和大孔隙度值越高。例如,在 0~10cm 深度,G_2W_1 处理的图像总孔隙度和大孔隙度分别为 0.197m³/m³ 和 0.156m³/m³,高于 G_1W_1 处理 1.2 和 1.4 倍并高于 G_3W_1 处理 1.4 和 2.1 倍。值得注意的是,该趋势在没有淋洗的时候并不明显,这也表明了淋洗处理对于碱土孔隙结构改良的重要性。而在相同的脱硫副产物施用量条件下,进行额外的淋洗则有助于提高图像总孔隙度和大孔隙度,而且淋洗水量越高,规则孔隙度越高。然而,并非所有孔隙参数变化均遵循同样的规律。高水量淋洗的孔隙度提升效果并未明显地高于低水量淋洗。例如,在 0~10cm 深度,G_3W_1 处理下的大孔隙度 (0.084m³/m³)高于 G_3W_2 处理下的大孔隙度 (0.076m³/m³) 和空白对照处理 (0.034m³/m³)。

类似的,在 20~40cm 深度,相同的脱硫副产物施用量条件下,低淋洗水量处理相比不淋洗处理的图像总孔隙度、大孔隙度、中孔隙度以及不规则孔隙度均较高。但是,高淋洗水量处理反而对该深度上的孔隙特征值提升效果有限,甚至有负面的影响。例如,G_1W_3 处理的图像总孔隙度和大孔隙度分别为 0.084m³/m³ 和 0.035m³/m³,低于低淋洗水量处理 G_1W_1 的图像总孔隙度 0.092m³/m³ 和大孔隙度 0.047m³/m³,但高于高淋洗水量处理的图像总孔隙度 0.057m³/m³ 和大孔隙度 0.031m³/m³。在相同的淋洗水量条件下,使用脱硫副产物对于二维孔隙参数的提升较明显。在 40~60cm 深度,施用脱硫副产物和淋洗对孔隙的提升效果有限。

6.3 碱化土壤二维孔隙特征与饱和导水率间的关系

我们采用大孔隙度、中孔隙度、规则孔隙度、不规则孔隙度、长孔隙度以及容重在内的 6 个参数进行回归分析,建立其与饱和导水率之间的回归方程 (图 6.4)。考虑到本研究中 0~40cm (粉壤土) 和 40~60cm (粉土) 深度土壤质地的显著差异,我们分别对两种质地土壤进行了分析。对于粉壤土,饱和导水率可通过大孔隙度 ($R^2=0.70$)、不规则孔隙度 ($R^2=0.64$) 以及容重 ($R^2=0.46$) 建立线性回归方程 (表 6.2)。经由大孔隙度和容重共同建立的回归方程可以解释饱和导水率 77% 的变化特性。在 40~60cm 深度,饱和导水率与二维土壤孔隙参数间的关系不明显,可能原因是在该深度上的观测点较少。

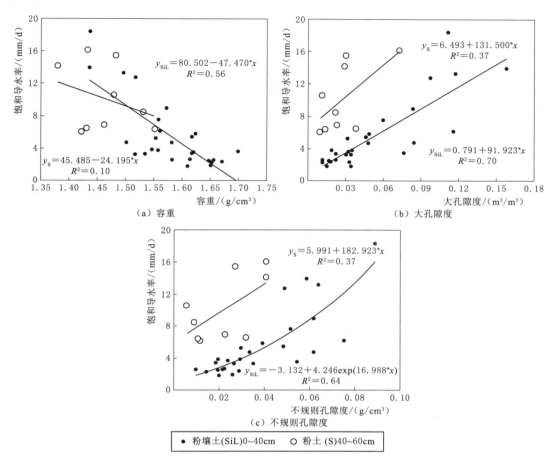

图 6.4　容重、大孔隙度与不规则孔隙度与饱和导水率的相互关系

表 6.2　0～40cm 碱化土壤容重、大孔隙度与不规则孔隙度与饱和导水率的组合回归方程

线性回归方程	决定系数（$p < 0.01$）
$K_{sat} = 37.189 + 66.676 \times$ 大孔隙度 $- 22.224 \times$ 容重	0.77
$K_{sat} = -1.926 + 103.294 \times$ 大孔隙度 $- 0.498\ln$（不规则孔隙度）	0.70

6.4　讨　　论

　　本书基于田间试验对于不同改良处理下的土壤二维孔隙变化特征进行了研究。结果表明，综合施用脱硫副产物并配合淋洗的改良措施有助于提升土壤的孔隙度。Lebron 等[165]通过室内试验发现了土壤孔隙直径与团聚体直径之间显著的正相关关系，并认为土壤孔隙的大小由团聚体大小决定。本章中该类型处理下碱化土壤孔隙的增加可被解释为脱硫副产物的施用促进了更高质量土壤团聚体的形成，同时有效控制了新生和现有团聚体在土壤干

湿交替过程中的崩解；而额外的淋洗则有效地将多余的代换性 Na^+ 淋洗出反应区，保证了改良反应的单向性。

仅施用脱硫副产物对表层孔隙度提升效果有限，但增加了深层土壤的各项孔隙指标。该结果与 Wild[175] 和 Muller 等[173] 的报道类似。Wild 等[175] 通过土壤树脂切片图像分析比较了深施石膏和浅施石膏对于碱化土壤的影响，发现施用石膏增加了 $25\sim60cm$ 深度的土壤大孔隙度，而对于 $7\sim10cm$ 深度土壤大孔隙度的影响则不明显。Muller 等[173] 发现通过 50 个月的田间试验发现施用石膏后，土壤表层 $0\sim7.5cm$ 深度的土壤大孔隙度随石膏施用量增加而降低。他们将该现象归结于石膏提升了土壤新生团聚体形成过程中部分大孔隙转变成小孔隙，而深层的大团聚体形成提升了大孔隙度。

仅进行淋洗提高了表层土壤孔隙度，而对于深层土壤孔隙度提升效果有限，表明淋洗虽然对于碱土改良具有重要的作用，但是在缺乏足量的 Ca^{2+} 条件下很难显著降低土壤的碱化程度。另外，低透水性的底土层也会对淋洗盐分的效果产生负面影响。本章中，在未施用脱硫副产物的处理中，饱和导水率的值均较低，表明了在改良过程中虽然有淋溶洗盐的作用，但大量的水分可能会被维持在低透水性土层中。虽然淋洗过程产生的土壤干湿交替有助于团聚体的形成，但土壤长期饱和或湿润状态会导致黏粒分散，进而引发土壤团聚体的崩解。此外，随淋洗水运移的盐分积累也会对土壤孔隙产生负面影响。

改良过程中，土壤孔隙形状的变化在一定程度上反映了土壤颗粒的自组成方式和土壤团聚体构形的变化。在 Costantini[176] 和 Pires[177] 等的研究中，长孔隙和不规则孔隙是非碱化土中最主要的孔隙类型。Costantini 等[176] 认为透水性较好的土壤中长孔隙和不规则孔隙应占到图像总孔隙的 80% 以上。Rasa 等[178] 认为较高的长孔隙度可以为根系发育提供良好环境，并有助于提高土壤的透气透水性。本章节中，在 $0\sim20cm$ 深度，综合处理、单一处理和空白对照处理下的长孔隙和不规则孔隙度分别占总图像孔隙度的 $60\%\sim87\%$、$38\%\sim80\%$ 和 $64\%\sim74\%$，在 $20\sim60cm$ 深度则为 $44\%\sim80\%$，$44\%\sim63\%$ 和 $66\%\sim71\%$，并没有显著提升，表明碱化土壤相比其他土壤较低的饱和导水率或与较低的长孔隙与不规则孔隙度有关。

本章中的粉壤土分形维数范围为 $1.37\sim1.78$，略高于 De Gryze 等[179] 对同质地土壤的研究结果（$1.10\sim1.65$）。在粉壤土和粉土样本中，孔隙分形维数 D 均与总孔隙度呈现出极显著的正相关关系（图 6.5）。类似的现象也被 Velde[180] 与 De Gryze[179] 等进行了报道。De Gryze 等[179] 发现分形维数 D 与总孔隙度之间呈曲线相关关系，并认为分形维数越高，孔隙系统的不规则程度越低。Rachman 等[181] 认为分形维数反映了孔隙对空间的填充性。本书还发现在所有深度上的分形维数均与不规则孔隙度间呈显著相关关系。许多研究者认为分形维数可以用于土壤水分和气体传输模型[182]，且较高的分形维数与更为通畅的水分、气体运动及更频发的优先流有关[115]。

土壤饱和导水率与土壤二维孔隙参数间的关系一直被广泛研究，其中大孔隙对于土壤水分运动具有决定性作用。Udawatta 等[109] 发现大孔隙的数量与饱和导水率之间呈显著的

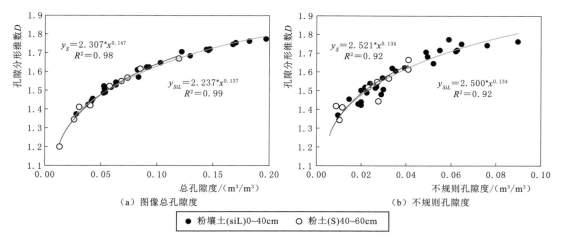

（a）图像总孔隙度　　　　　　（b）不规则孔隙度

● 粉壤土(siL)0~40cm　　○ 粉土(S)40~60cm

图 6.5　孔隙分形维数与图像总孔隙度和不规则孔隙度的相关关系

相关关系。Rachman[181]和 Kim[111]等发现经由 CT 扫描得到的二维图像大孔隙度与饱和导水率有相关关系。本章中，由于大孔隙中较快的水流速度，被代换的 Na 离子或可更迅速的运移到更深层从而降低根区土壤的碱化程度。不规则孔隙度与饱和导水率间的显著相关关系则表明了水分流动主要通过该类型的孔隙。容重和大孔隙度联合构成的碱化土壤饱和导水率回归方程具有良好的预测性，与 Udawatta 等[109]的研究结果一致。

6.5　本章主要结论

本章研究了施用脱硫副产物及进行水分淋洗对碱化土壤剖面二维孔隙特征的影响。主要结论如下：

（1）综合改良措施显著增加了 0~20cm 土体深度的二维总孔隙度、大孔隙度、中孔隙度、长孔隙度、不规则孔隙度、规则孔隙度和分形维数。就整体而言，增加脱硫副产物施用量和淋洗水量有助于提高各项孔隙指标。然而，高水量淋洗一定程度上限制了 20~40cm 深度上土壤孔隙的形成。仅施用脱硫副产物处理对 10~40cm 深度土壤孔隙形成有显著作用，而仅进行淋洗处理只提高了 0~10cm 深度的孔隙指标，对深层的土壤孔隙增加则有一定的负面效应。

（2）在所有二维孔隙指标中，大孔隙度和不规则孔隙度与饱和导水率呈现极显著正相关关系，基于二维大孔隙度与容重构成的土壤饱和导水率回归方程具有良好的预测能力。

第 7 章

综合改良对碱化土壤三维孔隙结构的影响

　　虽然基于二维图像获取的孔隙参数在一定程度上代表了整体孔隙的变化特征，但是其在反映孔隙真实三维分布的连续性和复杂性上尚显不足。周虎等[183]基于同步微辐射 CT 三维图像研究了水稻土团聚体孔隙结构，应用团聚体孔隙数量、总孔隙度、比表面积和孔隙弯曲度等参数定量化了团聚体孔隙系统变化特性；程亚南[184]、吕菲等[123]通过构建土壤孔隙三维网络模型证实了三维大孔隙与土壤水力学性质的紧密联系。然而，关于土壤三维孔隙空间形态特征参数的应用有效性及其与土壤综合参数间的内在联系的研究尚不多见。本章应用 CT 扫描图像研究了碱化土壤多年改良条件下不同土层孔隙三维特征的变化，进一步揭示脱硫副产物对碱化土壤孔隙空间结构的影响。

7.1　不同改良处理对大、中、小孔隙数量及孔隙度的影响

　　表 7.1 显示了综合处理 CB、单一处理 SI 和空白对照处理 CK 下 4 个深度上土壤三维孔隙参数特征，整体上土壤剖面三维大孔隙数量极低，小孔隙数量远高于其他类型孔隙，但大孔隙度占到总孔隙度的 40%～86%，小孔隙度则不超过 5%。在 0～20cm 土层内，综合处理和单一处理下标准样品内总孔隙数、中孔隙数和小孔隙数均显著高于空白对照处理（$p < 0.05$），其中综合处理下的孔隙数略高于单一处理，但并不显著。20～40cm 土层内，综合处理仅小孔隙显著低于其他处理。而在 40～60cm 土层，改良处理各类型孔隙均高于空白对照处理。在各个深度上，综合处理、单一处理和空白对照处理土壤大孔隙差异不显著，且大孔隙数量明显低于中孔隙和小孔隙数量。值得注意的是，各类型孔隙的孔隙度并不完全与孔隙数量相对应。综合处理显著提高了 0～40cm 土层内的总孔隙度、大孔隙度和中孔隙度，而单一处理仅对 0～20cm 土层内中孔隙度有显著提高。

表 7.1　综合处理 CB、单一处理 SI 和空白对照处理 CK 下 4 个深度上土壤三维孔隙参数特征

深度 /cm	改良处理	总孔隙数	大孔隙数	中孔隙数	小孔隙数	垂直 孔隙数	水平 孔隙数	总孔隙度 /(m³/m³)
	CB	2808a	8a	1179a	1621a	267a	2541a	0.135a
0～10	SI	2301a	13a	1007a	1281a	159a	2142a	0.085b
	CK	996b	10a	465b	521b	115b	881b	0.083b

续表

深度/cm	改良处理	总孔隙数	大孔隙数	中孔隙数	小孔隙数	垂直孔隙数	水平孔隙数	总孔隙度/(m³/m³)
10~20	CB	2752a	3a	1198a	1551a	393a	2359a	0.082a
	SI	2293a	5a	987a	1301a	262ab	2031a	0.035b
	CK	1221b	6a	414b	801b	170b	1051b	0.020c
20~40	CB	1746b	3a	653a	1091b	154b	1592b	0.076a
	SI	2490a	6a	809a	1654a	191ab	2299a	0.052b
	CK	2162a	6a	683a	1473a	233a	1929ab	0.052b
40~60	CB	1875a	4a	646a	1226a	151a	1724a	0.068a
	SI	2405a	4a	724a	1678a	169a	2237a	0.051a
	CK	765b	3a	249b	514b	70a	695b	0.052a

深度/cm	改良处理	大孔隙度/(m³/m³)	中孔隙度/(m³/m³)	小孔隙度/(m³/m³)	垂直孔隙度/(m³/m³)	水平孔隙度/(m³/m³)	扭曲度	分叉点/(cm³)	孔长密度/(mm/cm³)
0~10	CB	0.109a	0.024a	0.002a	0.003a	0.131a	1.276a	5127a	3518.03a
	SI	0.061b	0.023a	0.001a	0.004a	0.081b	1.281a	2840ab	1861.97b
	CK	0.071b	0.012b	0.001a	0.003a	0.080b	1.268a	2067b	1365.44b
10~20	CB	0.060a	0.020a	0.002a	0.006a	0.076a	1.279a	4270a	2642.89a
	SI	0.014b	0.020a	0.001a	0.004a	0.031b	1.287a	1155b	1277.62b
	CK	0.011b	0.008b	0.001a	0.003a	0.016c	1.277a	854b	1171.33b
20~40	CB	0.061a	0.013a	0.001a	0.005a	0.071a	1.257a	2897a	2330.73a
	SI	0.032b	0.018a	0.002a	0.005a	0.047b	1.280b	2434a	1973.85a
	CK	0.036b	0.014a	0.002a	0.005a	0.047b	1.281b	3479a	2096.79a
40~60	CB	0.053a	0.013ab	0.001a	0.004ab	0.064a	1.262ab	2433a	2245.86a
	SI	0.034a	0.015a	0.002a	0.005a	0.046a	1.271b	2650a	2322.03a
	CK	0.045a	0.006b	0.001a	0.000b	0.051a	1.249a	3158a	2312.60a

注：同一列参数的字母不同，表示在 $p<0.05$ 水平下存在显著差异。

　　图 7.1 显示了不同改良处理平均土壤三维总孔隙度、大孔隙度和中孔隙度在各深度上的分布。0~20cm 土层内，综合处理条件下，高脱硫副产物施用量和低淋洗量处理（G_2W_1）的总孔隙度最大（在 0~10cm 和 10~20cm 深度上分别为 0.185 和 0.120m³/m³），高脱硫副产物处理（G_2W_1 和 G_2W_2）高于低脱硫副产物施用量处理（G_1W_1 和 G_1W_2）；单一处理中，仅淋洗处理（G_3W_1 和 G_3W_2）的总孔隙度高于空白对照处理（G_3W_3），而仅施用脱硫副产物处理（G_1W_3 和 G_2W_3）在 0~10cm 土层内的总孔隙度（分别为 0.029 和 0.035m³/m³）均小于空白对照处理（0.083m³/m³）。在 20~40cm 土层内，只有仅淋洗处理（G_3W_1 和 G_3W_2）的总孔隙度低于空白对照处理。

　　各处理下大孔隙的空间分布与总孔隙相似（图 7.1）。综合处理条件下，高脱硫副产物施用量和低淋洗量处理（G_2W_1）在 0～40cm 土层内的大孔隙度均最高。值得注意的是，仅淋洗处理（G_3W_1 的 G_3W_2）在 10～60cm 深度上的大孔隙度均低于空白对照处理。

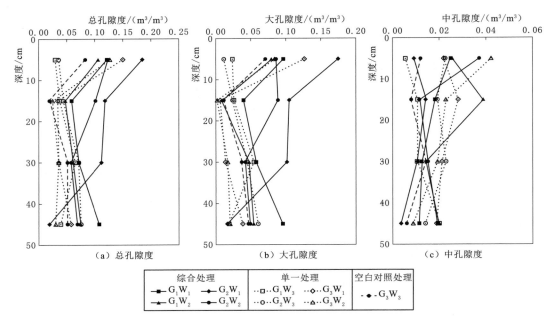

图 7.1　不同改良处理平均土壤三维总孔隙度、大孔隙度和中孔隙度在各深度上的分布

7.2　不同改良处理对垂直和水平孔隙数量及孔隙度的影响

本章中，在 0～60cm 土层标准土样内得到的水平孔隙数量显著高于垂直孔隙数量，相对应的水平孔隙度也显著高于垂直孔隙度（表 7.1）。0～20cm 土层内，综合处理和单一处理下标准样品内的垂直孔隙数和水平孔隙数均高于空白对照处理。而在 20～40cm 土层，综合处理下的垂直孔隙数和水平孔隙数均显著低于空白对照处理（$p < 0.05$）。除了在 40～60cm 土层略有不同外，三种大类处理下的垂直孔隙度在土壤剖面上并无显著差异。而综合处理下的水平孔隙在 0～40cm 土层内均显著高于其他处理，而单一处理条件下水平孔隙度仅在 10～20cm 土层略高于空白对照处理。

图 7.2 显示了不同改良处理平均垂直孔隙数量及孔隙度和水平孔隙数量及孔隙度在各深度上的分布。从整个剖面上看，各个处理对垂直孔隙度都没有显著的提升。综合处理条件下，高脱硫副产物施用量处理（G_2W_1 和 G_2W_2）在 0～20cm 土层内的水平孔隙度略高于低脱硫副产物施用量处理（G_1W_1 和 G_1W_2）；而在 20～60cm 土层内无类似规律。单一处理条件下，仅施用脱硫副产物处理（G_1W_3 和 G_2W_3）的水平孔隙度在 0～10cm 土层低于空白对照处理，而在 10～40cm 土层内均略高于仅淋洗处理（G_3W_1 和 G_3W_2）和空白对照处理。

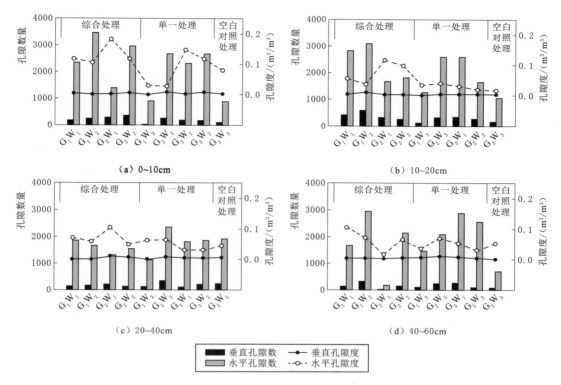

图 7.2   不同改良处理平均垂直孔隙数量及孔隙度和水平孔隙数量及孔隙度在各深度上的分布

7.3   不同改良处理对孔隙扭曲度、孔长密度和分叉点数量的影响

本章中，剖面土壤孔隙平均扭曲度范围为 1.249~1.287。0~20cm 土层，综合处理、单一处理和空白对照处理间孔隙扭曲度差异不显著（$p < 0.05$）（表 7.1）。在 20~40cm 土层，综合处理下的孔隙扭曲度显著低于其他处理，而在 40~60cm 深度，单一处理下的孔隙扭曲度显著高于空白对照处理。相反的，综合处理下的孔隙总长度和分叉点数量在 0~20cm 土层上显著高于其他处理。在 20~60cm 土层，综合处理、单一处理和空白对照处理间的孔隙总长度和分叉点数量差异不明显。

图 7.3 显示了不同改良处理平均土壤三维孔隙扭曲度、孔长密度和分叉点数量在深度上的分布。从整体上来看，在 0~20cm 深度，土壤孔隙的扭曲度（在 0~10cm 和 10~20cm 深度分别为 1.277 和 1.282）要高于 20~60cm 深度（在 20~40cm 和 40~60cm 深度分别为 1.269 和 1.264）。在 0~20cm 深度，仅有综合处理中高脱硫副产物处理（G_2W_1 和 G_2W_2）在 10~20cm 土层上孔隙扭曲度低于空白对照处理。单一处理中的仅淋洗处理（G_3W_1 和 G_3W_2）在全剖面上均高于空白对照处理的孔隙扭曲度。综合处理条件下，高脱硫副产物施用量和低淋洗量处理（G_2W_1）在 0~20cm 深度上的孔长密度和分叉点数量均为最高。单一处理条件下，仅淋洗处理（G_3W_1 和 G_3W_2）除在 0~10cm 深度上的孔长密

度和分叉点数高于空白对照处理外，在 $10\sim40cm$ 深度上均低于空白对照处理。相反的是，仅施用脱硫副产物处理（G_1W_3 和 G_2W_3）在 $0\sim10cm$ 深度上的孔长密度和分叉点数较低，但随着深度增加逐渐增加并高于空白对照处理。在 $40\sim60cm$ 深度上规律不明显。

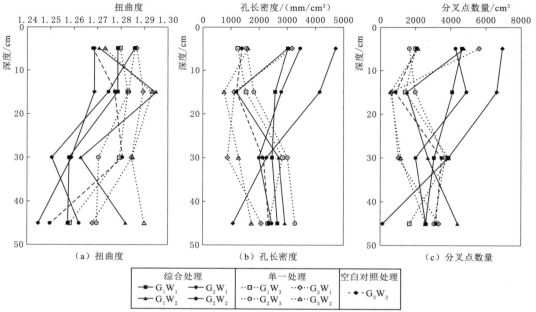

图 7.3 不同改良处理平均土壤三维孔隙扭曲度、孔长密度和分叉点数量在各深度上的分布

虽然综合施用脱硫副产物和进行水分淋洗对孔隙结构的影响更为显著，但分别施用脱硫副产物和水分淋洗所产生的影响则并不相同。$0\sim20cm$ 土层内，在同等淋洗水量条件下，仅高脱硫副产物施用量处理有较高的三维大孔隙度、水平孔隙度、孔长密度和分叉点数量。例如，高脱硫副产物施用量配合低水分淋洗量处理 G_2W_1 的上述指标分别为 $0.175m^3/m^3$、$0.183m^3/m^3$、$6919mm/cm^3$ 和 $4714/cm^3$，分别为低脱硫副产物配合低水分淋洗量处理 G_1W_1 各对应指标的 1.5 倍、1.6 倍、1.5 倍和 1.6 倍，以及仅低水分淋洗量处理 G_3W_1 各对应指标的 1.2 倍、1.2 倍、1.2 倍和 1.5 倍。但在 $0\sim10cm$ 深度，对于不进行额外淋洗的处理，增加脱硫副产物施用量没有明显的效果，表明了水分淋洗对于该层土壤三维结构改善具有重要作用。在 $20\sim40cm$ 深度，在同等淋洗水量条件下，施加脱硫副产物处理的三维孔隙明显高于未施加处理。

在同等脱硫副产物施用量条件下，淋洗措施可以增加 $0\sim20cm$ 土层大孔隙度，水平孔隙度、孔长密度和分叉点数量，但高水量淋洗与低水量淋洗产生的影响差异不明显。例如，低脱硫副产物施用量配合低淋洗量处理 G_1W_1 在 $0\sim10cm$ 的上述参数分别为 $0.096m^3/m^3$、$0.118m^3/m^3$、$4628mm/cm^3$ 和 $3014/cm^3$，略高于低脱硫副产物配合高淋洗量处理或基本持平，但却是仅低脱硫副产物施用量处理指标的 4.2 倍、4.0 倍、1.2 倍和 1.5 倍。在 $20\sim40cm$ 深度，高水量淋洗甚至一定程度上对三维孔隙参数提升有负面影响。例如，G_1W_2 处理在该深度上的上述指标分别为 $0.046m^3/m^3$、$0.059m^3/m^3$、$2692mm/cm^3$ 和

$2694/cm^3$，低于无淋洗处理 G_1W_3 的 $0.054m^3/m^3$、$0.061m^3/m^3$、$3853mm/cm^3$ 和 $2832/cm^3$。

7.4 土壤容重、饱和导水率与孔隙三维参数的相互关系

考虑到 $40\sim60cm$ 土层土壤质地与 $0\sim40cm$ 土层不同且样本数量有限，本章仅对 $0\sim40cm$ 深度内质地为粉砂壤土的土壤物理、水力性质与重构孔隙三维参数之间的关系进行研究。根据表 7.2 所列 $0\sim40cm$ 粉砂壤土层土壤容重、饱和导水率 K_{sat} 及土壤孔隙三维形态参数的相关性分析结果，土壤容重与 K_{sat} 以及土壤各类型孔隙数量之间无明显的联系。总孔隙度和大孔隙度越高，容重越小，而 K_{sat} 越大。此外，容重和 K_{sat} 还与水平孔隙度和孔隙总长度呈显著相关。大孔隙数和大孔隙度之间无明显联系，而中孔隙数和中孔隙度、小孔隙数和小孔隙度之间均呈现极显著的正相关关系。大孔隙度越高，孔隙三维扭曲度越低，而孔隙总长度和分叉点数量越高。中孔隙度与扭曲度数值成极显著负相关关系，表明中孔隙在空间上的扭曲度更高。

表 7.2　　　　　　0~40cm 粉砂壤土层土壤容重、饱和导水率 K_{sat} 及土壤
孔隙三维形态参数的相关性分析结果

参数	容重 P1	K_{sat}	总孔隙数 P3	大孔隙数 P4	中孔隙数 P5	小孔隙数 P6	垂直孔隙数 P7	水平孔隙数 P8
P1	1							
P2	−0.740**	1						
P3	−0.019	0.138	1					
P4	0.103	−0.023	0.167	1				
P5	0.044	0.137	0.853**	0.354**	1			
P6	−0.064	0.119	0.925**	−0.008	0.591**	1		
P7	−0.043	0.271	0.671**	−0.086	0.734**	0.506**	1	
P8	−0.015	0.113	0.995**	0.194	0.826**	0.936**	0.591**	1
P9	−0.615**	0.684**	0.081	0.188	0.122	0.036	0.049	0.082
P10	−0.617**	0.658**	−0.089	0.054	−0.088	−0.074	−0.074	−0.086
P11	0.070	0.054	0.704**	0.602**	0.904**	0.427**	0.519**	0.694**
P12	−0.045	0.027	0.828**	−0.059	0.515**	0.904**	0.492**	0.833**
P13	−0.124	0.040	0.302*	0.241	0.422**	0.149	0.412**	0.271*
P14	−0.596**	0.672**	0.058	0.169	0.088	0.026	0.016	0.061
P15	0.436*	−0.124	0.266	0.093	0.382**	0.135	0.321*	0.244
P16	−0.689**	0.700**	0.134	−0.192	−0.005	0.211	0.092	0.133
P17	−0.627**	0.702**	0.130	−0.167	0.000	0.204	0.133	0.123

续表

参数	总孔隙度 P9	大孔隙度 P10	中孔隙度 P11	小孔隙度 P12	垂直孔隙度 P13	水平孔隙度 P14	扭曲度 P15	孔长密度 P16	分叉点 P17
P1									
P2									
P3									
P4									
P5									
P6									
P7									
P8									
P9	1								
P10	0.974**	1							
P11	0.093	−0.136	1						
P12	−0.088	−0.179	0.356**	1					
P13	−0.120	−0.224	0.463**	0.140	1				
P14	0.997**	0.979**	0.057	−0.097	−0.192	1			
P15	−0.284*	−0.375**	0.409**	0.150	0.122	−0.291*	1		
P16	0.748**	0.769**	−0.127	0.098	−0.180	0.753**	0.314*	1	
P17	0.820**	0.846**	−0.152	0.082	−0.238	0.828**	0.279*	0.904**	1

注：＊在 0.05 水平（双侧）上显著相关。

　　＊＊在 0.01 水平（双侧）上显著相关。

7.5　讨　论

　　本章通过将原状土样经过 CT 无损扫描得到的堆叠二维图像进行三维重构，得到了不同处理下不同深度上的土壤孔隙三维结构和特征参数。经过两年改良，综合改良处理（施用脱硫副产物并进行淋洗处理）显著提高了耕层 0～20cm 土壤的总孔隙数、中孔隙数、小孔隙数、总孔隙度、大孔隙度和中孔隙度以及孔隙总长和分叉点数量，其原因可能是经过土壤胶体上钙钠代换后的多余的代换性钠离子被淋洗出该土层，促进了团聚体的形成和稳定，并促成孔隙系统的扩展。而且，大量的淋洗也抑制了返盐对土壤结构的破坏。综合处理对 20～40cm 土层三维孔隙结构有一定的提升作用，主要体现在显著增加了土壤大孔隙度。本章中，脱硫副产物在施用时与 20cm 深度的土壤进行了充分混合，20～40cm 土壤大孔隙度增加表明溶解的 Ca^{2+} 可以运移到更深层次土壤并发生反应。综合处理条件下，高脱硫副产物施用量和低淋洗量处理对耕层土壤孔隙结构主要参数提升程度最高，具有潜在的推广应用价值。仅施加脱硫副产物处理和仅进行淋洗处理对土壤孔隙结构的提升效果有限。值得注意的是，仅施加脱硫副产物处理下总孔隙度、大孔隙度、水平孔隙度和孔长密度随深度增加而增大。该结果与 Muller 等[173]通过土壤切片计算土壤大孔隙发现碱化土地施用石膏后表层大孔隙度最小的结论相类似。Muller 等[173]认为该现象是源于表层土壤团聚体增加而导致一些大孔隙转变成微小孔隙。在干旱半干旱地区自然降雨和灌溉的过程中，脱硫副产物可以正常溶解并发生代换反应。但是高蒸发量促成剧烈的返盐，造成表层盐分积聚并形成土壤结皮，进而对表层土壤孔隙结构的提升产生了抑制作用[185]。相比于对照组，仅进行淋洗处理增加了 $0\sim10cm$ 土层总孔隙度、大孔隙度以及孔隙总长，但是上述土壤三维孔隙特征参数在更深土层上均显示出一定程度的降低。该结果表明仅淋洗对全剖面土壤孔隙结构的提升程度有限。淋洗水可以将表层的溶解盐部分带出土体，但是受制于深层土壤结构差，土壤水分滞留造成了深层土壤盐分积累和颗粒弥散，进而破坏土壤孔隙[147]。

通过土壤容重、饱和导水率及土壤孔隙三维形态参数的相关性分析可知，碱化土壤饱和导水率主要受总孔隙和大孔隙体积的影响，表明大孔隙是水分运动的主要路径。Luo 等[135]研究了不同土地利用和质地条件下土壤饱和导水率与三维孔隙参数的关系，同样得出了饱和导水率随大孔隙度增加而增加的结论。本章中大孔隙的范围为 $0.011\sim0.109m^3/m^3$，与 Luo 等[135]的研究结果相近（$0.024\sim0.074m^3/m^3$），但本书的饱和导水率值（最高 $14.7mm/d$）显著小于该研究（最低值 $27mm/h$）。造成该现象的原因可能是本文碱化土壤的水平孔隙占绝对多数。Schjonning 等认为土壤介质的透气性主要受垂直孔隙的体积和尺寸影响。因此，碱化土壤较低的饱和导水率和透气性或是受限于缺乏垂直孔隙。

孔隙总长与 K_{sat} 的极显著正相关关系说明土壤三维孔隙的空间连通度高有利于水分的流动。值得注意的是，本章中各类型孔隙数量与 K_{sat} 的相互关系并不明显，这进一步表明在碱化土壤中，水流运动可能更多依赖一定数量的特定类型的孔隙（如不规则孔隙）。此外，孔隙数量与土壤功能的弱相关性也表明孔隙数量不适合作为评价土壤结构质量的关键指标。大孔隙度和分叉点数量之间的极显著正相关关系表明了碱化土壤大孔隙有更高的空间连通性，该结论与 Luo 等[135]的结果相类似，但大孔隙体积与数量间无明显联系则表明了大孔隙在空间上的不规则性。与之相反的是，中孔隙度与中孔隙数量、小孔隙度与小孔隙数量之间的极显著相关关系说明该类型孔隙在空间上的构型更倾向于均一化。

7.6 本章主要结论

本章节基于原状土 CT 扫描二维图像对长期改良条件下的碱化土壤孔隙结构进行了三维重构和定量分析，得出以下结论：

（1）施用脱硫副产物配合淋洗措施可显著提高碱化土壤 $0\sim20cm$ 土层内包括总孔隙数、总孔隙度、大孔隙度、水平孔隙度、孔隙总长和分叉点数等指标的三维孔隙参数，并对 $20\sim60cm$ 深层土壤孔隙结构有一定的积极影响。高施用量脱硫副产物配合低淋洗量处理下的土壤孔隙结构提升程度最高，具有潜在的应用价值。

（2）仅施用脱硫副产物处理抑制了碱化土壤 $0\sim10cm$ 土层孔隙结构的提升，但提高了 10～40cm 三维孔隙参数。然而，仅进行淋洗虽然对 0～10cm 孔隙参数提高有一定的积极影响，但对深层土壤孔隙结构提升有负面作用。

（3）基于土壤孔隙参数与水力学参数的相关分析可以得出，大孔隙是碱化土壤水分运动的主要路径，而碱化土壤中较低的垂直孔隙数量和体积限制了土壤的透水性。

第8章

基于土壤结构的碱化土壤质量评价指标体系

按照美国土壤学会的定义，土壤质量指代了在自然或管理的生态系统边界内，土壤具有使动植物持续生产、保持和提高水、气质量以及人类健康与生活的能力[187-188]。关于土壤质量的评价方法和指标已经有了大量的研究成果，土壤质量的评价指标总体上包括土壤物理指标、化学指标和生物指标，而主成分分析法是土壤质量评价中的主流应用方法[189-190]。主成分分析法可以通过线性变换，将原有的、相关关系较为密切的指标组合成独立的新指标，通过计算得到综合评价得分，实现对土壤质量的评价。目前，关于盐碱化土壤质量评价的研究主要集中在通过土壤化学成分指标来构建评价体系[191-192]，而对于直接影响着土壤质量的土壤结构在评价体系中的作用则研究较少。

通过以上几章的研究，本书获取了包括土壤化学参数、团聚体参数、二维孔隙参数和三维孔隙参数在内的多个土壤结构特征评价指标。本章将基于主成分分析法构建基于土壤结构参数的改良碱化土壤质量综合评价方法。

8.1 主成分分析参数选取

参考之前的研究结果，本文选取的主成分分析指标包括土壤容重（BD），饱和导水率（K_{sat}），pH，代换性 Na^+（ES），碱化度（ESP），干筛团聚体平均重量直径（MWD），干筛团聚体几何平均直径（GMD），干筛大团聚体数量（$DR_{0.25}$），干筛团聚体分形维数（D），二维大孔隙度（ma2d），二维中孔隙度（me2d），二维孔隙分形维数（poD），二维规则孔隙度（reg），二维不规则孔隙度（irreg），二维长孔隙度（elg），三维总孔隙度（total），三维大孔隙度（ma3d），三维中孔隙度（me3d），三维水平孔隙度（hori），三维孔隙扭曲度（tts），三维孔隙交叉点数量（juncs）和三维孔长密度（lengd）共 22 个因素。

考虑到本研究结果显示不同改良处理下的粒径分形和多重分形维数差异度不大，故此处不考虑土壤粒径分布的参数。另外，本研究结果显示，改良措施对于 0～40cm 土层内的土壤结构影响较为显著，对 40～100cm 土层的影响规律性不明显，故本章仅引用了 0～40cm 的土壤指标；考虑到不同处理对 0～10cm、10～20cm 和 20～40cm 土壤结构的影响效果有明显差异，本章将对上述 3 个土层分别进行评价。所有数据应用 PASW18.0 软件进行整理并完成主成分分析。

8.2 基于土壤结构参数的碱化土壤质量综合评价方法构建

分层各处理指标的标准化数据见表 8.1。根据统计原理，当各主成分的累积方差贡献率大于 85％时，可以表征系统的变异信息，因此本文按照累积贡献率大于 85％的原则在 0～10cm、10～20cm 和 20～40cm 分别提取主成分。经主成分分析得出的各变量的因子负荷和方差贡献率见表。主成分是原指标的线性组合，基于原指标的因子负荷量，通过计算公式可形成新的计算量。

表 8.1 分层各处理指标的标准化数据

0～10cm	BD	K_{sat}	pH	ES	ESP	GMD	MWD	$DR_{0.25}$	D	$ma2d$	$meso2d$
G_1W_1	0.02	−0.18	−0.77	−0.53	−0.40	−0.40	−0.37	−0.06	0.32	0.80	0.22
G_1W_2	0.17	0.31	−0.47	−0.13	−0.56	−0.45	−0.45	−0.09	0.42	0.12	0.75
G_1W_3	0.76	−0.68	0.74	−0.15	0.27	−0.76	−0.67	−0.89	1.12	−1.20	−1.41
G_2W_1	−1.62	1.21	−1.07	−0.81	−0.92	2.33	2.45	1.83	−1.57	1.70	−0.37
G_2W_2	−1.61	2.01	−1.07	−0.68	−1.14	0.81	0.60	1.28	−1.37	0.70	1.20
G_2W_3	−0.03	−0.61	0.13	0.06	0.49	−0.76	−0.68	−1.33	1.21	−1.27	−1.14
G_3W_1	0.81	−0.66	0.74	0.20	0.00	−0.03	−0.07	−0.01	−0.38	−0.04	1.02
G_3W_2	0.29	−0.44	−0.17	−0.48	0.01	−0.13	−0.23	−0.06	−0.38	0.13	0.71
G_3W_3	1.21	−0.96	1.94	2.51	2.25	−0.61	−0.58	−0.66	0.62	−0.94	−0.99

0～10cm	poD	reg	$irreg$	elg	$total$	$ma3d$	$me3d$	$hori$	tts	$juncs$	$lengd$
G_1W_1	0.69	−0.02	0.95	0.59	0.31	0.26	0.22	0.29	0.14	0.46	0.38
G_1W_2	0.52	0.69	0.41	−0.13	−0.01	−0.09	0.27	0.03	−0.90	0.50	0.36
G_1W_3	−1.53	−1.37	−1.33	−0.60	−1.53	−1.22	−1.38	−1.46	0.30	−0.94	−1.12
G_2W_1	0.90	−0.57	0.28	2.39	1.54	1.85	−1.07	1.56	−1.15	1.67	1.80
G_2W_2	0.82	1.35	1.49	−0.35	0.34	0.05	1.20	0.31	1.11	0.25	0.74
G_2W_3	−1.43	−0.83	−1.28	−0.98	−1.41	−1.47	0.02	−1.48	1.11	−1.12	−0.86
G_3W_1	0.50	0.61	0.11	0.07	0.84	0.88	−0.03	0.87	1.20	0.97	0.50
G_3W_2	0.47	1.17	0.40	−0.49	0.39	0.00	1.63	0.32	−0.56	−0.88	−0.82
G_3W_3	−0.94	−1.04	−1.03	−0.49	−0.47	−0.26	−0.85	−0.45	−1.25	−0.90	−0.99

10～20cm	BD	K_{sat}	pH	ES	ESP	GMD	MWD	$DR_{0.25}$	D	$ma2d$	$meso2d$
G_1W_1	0.05	0.24	−0.38	−0.51	−0.28	0.71	0.28	0.57	0.16	0.21	0.09
G_1W_2	−0.06	0.13	−0.38	−0.73	−0.81	0.48	0.13	0.00	0.50	0.13	1.87
G_1W_3	0.82	−0.71	−0.20	−0.19	0.15	−0.09	−0.03	−0.10	1.03	−0.26	−1.15
G_2W_1	−2.01	2.25	−0.74	−0.98	−1.13	0.94	1.18	0.72	−1.76	2.28	1.01
G_2W_2	−1.01	0.70	−0.92	−0.73	−0.94	1.52	1.76	2.07	−0.89	0.54	0.28
G_2W_3	1.28	−0.36	−0.02	0.53	0.09	−0.32	−0.23	−0.61	1.20	−0.28	−0.45

续表

10～20cm	BD	K_{sat}	pH	ES	ESP	GMD	MWD	$DR_{0.25}$	D	ma2d	meso2d
G_3W_1	0.52	−0.74	0.16	0.46	0.30	−0.66	−0.77	−0.67	−0.54	−0.90	−0.35
G_3W_2	−0.17	−0.86	−0.02	−0.11	0.41	−1.01	−0.97	−0.84	−0.54	−0.81	0.03
G_3W_3	0.58	−0.65	2.50	2.27	2.20	−1.58	−1.36	−1.15	0.85	−0.91	−1.32

10～20cm	poD	reg	irreg	elg	total	ma3d	me3d	hori	tts	juncs	lengd
G_1W_1	0.48	0.03	0.31	0.18	0.13	0.13	−0.10	0.15	−0.45	0.73	0.62
G_1W_2	1.12	2.07	0.82	0.18	−0.19	−0.70	2.03	−0.39	1.41	−0.46	−0.67
G_1W_3	−0.66	−0.91	−0.24	−0.64	−0.50	−0.23	−0.82	−0.42	0.02	−0.51	−0.34
G_2W_1	1.50	0.30	1.65	2.43	1.91	1.88	−0.50	1.90	−1.59	1.90	2.08
G_2W_2	0.66	0.10	0.99	0.14	1.37	1.45	−0.78	1.40	−0.90	1.10	0.83
G_2W_3	−0.20	−0.42	−0.51	−0.14	−0.29	−0.28	0.00	−0.25	0.08	−0.25	−0.08
G_3W_1	−0.86	0.02	−1.02	−0.81	−0.56	−0.76	0.94	−0.56	0.80	−0.87	−0.73
G_3W_2	−0.49	0.37	−0.72	−0.79	−0.87	−0.88	0.38	−0.89	1.22	−0.88	−1.05
G_3W_3	−1.54	−1.57	−1.27	−0.54	−1.01	−0.61	−1.14	−0.96	−0.60	−0.77	−0.65

20～40cm	BD	K_{sat}	pH	ES	ESP	GMD	MWD	$DR_{0.25}$	D	ma2d	meso2d
G_1W_1	−1.14	0.06	−0.59	−0.36	−0.25	0.57	0.60	0.32	−0.03	0.44	0.93
G_1W_2	−0.08	0.22	−0.94	−0.22	−0.49	0.64	0.67	0.39	0.08	−0.22	−0.86
G_1W_3	−0.22	−0.21	−0.59	0.28	0.15	−0.96	−0.24	−0.66	0.32	−0.08	1.43
G_2W_1	−0.81	2.54	−0.59	−1.35	−1.21	0.72	0.69	0.60	−1.26	2.45	−0.16
G_2W_2	−0.82	−0.39	−0.94	−1.24	−1.33	1.10	0.69	1.88	−1.20	−0.27	−0.04
G_2W_3	−0.46	−0.38	0.12	−0.31	−0.13	0.57	0.50	0.05	2.19	−0.11	1.18
G_3W_1	1.16	−0.58	0.47	0.78	0.77	0.26	0.46	−0.09	−0.15	−0.60	−1.20
G_3W_2	1.86	−0.65	1.18	0.58	0.64	−1.34	−1.68	−0.82	−0.15	−0.77	−1.21
G_3W_3	0.52	−0.61	1.89	1.83	1.85	−1.56	−1.70	−1.66	0.20	−0.84	−0.06

20～40cm	poD	reg	irreg	elg	total	ma3d	me3d	hori	tts	juncs	lengd
G_1W_1	0.92	1.14	0.43	0.33	0.37	0.45	−0.69	0.55	−0.94	0.26	0.42
G_1W_2	−0.53	−0.70	0.02	−0.60	−0.05	0.03	−0.34	0.09	−0.55	−0.06	0.75
G_1W_3	0.24	1.22	−0.05	−0.02	0.10	0.32	−1.13	0.18	0.72	0.98	0.94
G_2W_1	1.70	−0.15	2.16	2.50	2.19	2.16	−1.05	2.11	−0.86	1.00	0.11
G_2W_2	−0.31	0.21	−0.33	−0.53	−0.21	−0.16	−0.14	−0.33	−1.51	−0.70	−0.23
G_2W_3	0.73	1.27	0.60	−0.47	0.37	−0.05	1.66	0.26	0.04	0.82	1.17
G_3W_1	−0.77	−0.76	−0.80	−0.24	−1.15	−1.24	1.24	−1.20	1.12	−1.53	−1.83
G_3W_2	−1.60	−1.16	−1.11	−0.83	−1.14	−1.15	0.79	−1.17	1.16	−1.43	−1.26
G_3W_3	−0.37	−1.06	−0.91	−0.14	−0.47	−0.36	−0.34	−0.49	0.82	0.65	−0.07

将各指标的标准化值代入主成分指标计算公式，可分别形成主成分指标的值，之后根据综合主成分函数模型 $F = \sum b_j PC_j = b_1 PC_1 + b_2 PC_2 + \cdots + b_m PC_m$（$b$ 为负荷因子，表8.2）[193] 计算综合主成分值并进行排序，进而对各处理下土壤质量进行综合评价。各处理综合主成分值和排序结果见表8.3。

表8.2 分层主成分函数变量因子负荷

深度/cm	公式	方差贡献率	BD	K_{sat}	pH	ES	ESP	GMD	MWD	$DR_{0.25}$	D	$ma2d$
0～10	$PC1$	63.39%	−0.79	0.81	−0.78	−0.62	−0.80	0.86	0.83	0.95	−0.92	0.97
	$PC2$	16.11%	0.03	−0.13	0.29	0.35	0.33	0.38	0.45	0.15	−0.04	0.09
	$PC3$	9.71%	0.53	−0.37	0.44	0.53	0.41	−0.17	−0.20	−0.04	−0.08	0.05
10～20	$PC1$	68.72%	−0.85	0.94	−0.74	−0.79	−0.86	0.91	0.93	0.85	−0.68	0.95
	$PC2$	18.73%	0.06	−0.16	−0.44	−0.48	−0.43	0.14	−0.03	−0.05	0.01	−0.13
20～40	$PC1$	56.98%	−0.89	0.80	−0.76	−0.83	−0.81	0.68	0.72	0.61	−0.24	0.88
	$PC2$	17.23%	−0.05	0.04	0.41	0.46	0.51	−0.61	−0.46	−0.74	0.49	0.07
	$PC3$	14.07%	−0.33	−0.56	−0.29	−0.09	−0.11	0.26	0.31	0.21	0.67	−0.42

深度/cm	公式	$meso2d$	poD	reg	$irreg$	elg	$total$	$ma3d$	$me3d$	$hori$	tts	$juncs$	$lengd$
0～10	$PC1$	0.66	0.92	0.58	0.83	0.76	0.90	0.85	0.29	0.90	−0.10	−0.79	0.81
	$PC2$	−0.60	−0.20	−0.73	−0.44	0.60	0.14	0.36	−0.86	0.17	−0.56	0.03	−0.13
	$PC3$	0.40	0.30	0.32	0.16	−0.04	0.39	0.35	0.21	0.39	−0.36	0.53	−0.37
10～20	$PC1$	0.66	0.91	0.43	0.96	0.86	0.97	0.90	−0.07	0.96	−0.57	−0.85	0.94
	$PC2$	0.67	0.35	0.88	0.15	−0.16	−0.18	−0.41	0.95	−0.24	0.81	0.06	−0.16
20～40	$PC1$	0.47	0.89	0.57	0.93	0.73	0.93	0.92	−0.52	0.94	−0.79	−0.89	0.80
	$PC2$	0.57	0.34	0.26	0.14	0.21	0.24	0.26	−0.25	0.26	0.39	−0.05	0.04
	$PC3$	0.58	0.02	0.68	−0.16	−0.60	−0.22	−0.27	0.33	−0.20	−0.15	−0.33	−0.56

表8.3 各处理综合主成分值和排序结果

深度	0～10cm					10～20cm				20～40cm				
处理	$PC1$	$PC2$	$PC3$	F	排序	$PC1$	$PC2$	F	排序	$PC1$	$PC2$	$PC3$	F	排序
G_1W_1	1.18	−0.53	0.14	0.68	4	1.40	−0.12	0.94	4	2.47	0.26	0.95	1.59	2
G_1W_2	0.63	−0.89	0.51	0.31	5	0.77	4.11	1.30	3	0.53	−1.26	0.31	0.13	6
G_1W_3	−4.50	0.82	−1.71	−2.88	8	−1.72	−0.79	−1.33	6	0.58	2.27	0.99	0.86	5
G_2W_1	6.10	3.52	−0.93	4.34	1	7.16	−1.41	4.66	1	6.28	0.34	−3.19	3.19	1
G_2W_2	3.88	−2.34	−1.05	1.98	2	4.56	−0.85	2.97	2	1.37	−3.18	1.06	0.38	4
G_2W_3	−4.26	−0.62	−1.88	−2.98	5	−1.64	−0.25	−1.18	5	1.00	1.27	2.87	1.19	3
G_3W_1	0.92	−0.28	1.72	0.71	3	−2.75	0.93	−1.71	8	−3.59	−1.89	−0.56	−2.45	8
G_3W_2	0.30	−1.87	1.23	0.01	6	−2.69	1.48	−1.57	7	−5.04	−0.59	−1.30	−3.16	9
G_3W_3	−4.26	2.19	1.98	−2.16	7	−5.08	−3.10	−4.07	9	−3.60	2.79	−1.12	−1.73	7

整体上看，高脱硫副产物施用量配合低淋洗量处理 G_2W_1 在 $0\sim40cm$ 深度上均为最大，表明该处理下的改良效果最为显著。考虑到可以通过主成分综合得分对土壤质量进行分级[194]，本研究按照 F 值最大值和最小值加和的 $1/3$ 将各处理下的改良效果分为 3 个等级（表 8.4）。综合处理对耕层碱化土壤质量的改良效果明显，且高脱硫副产物施用配合淋洗处理对耕层土壤的质量提升效果最好；仅淋洗处理对 $0\sim10cm$ 碱化土壤质量提升有一定效果，但在 $10\sim40cm$ 深度上的改良效果均为三等，其在 $20\sim40cm$ 深度上的 F 值甚至低于空白对照处理，表明仅淋洗处理可以改善表层土壤质量，但对于深层次土壤质量的提升有限；仅施用脱硫副产物处理对 $0\sim10cm$ 碱化土壤改良效果为三等，但在 $10\sim40cm$ 深度上其 F 值均高于空白对照处理 G_3W_3，表明该类型处理对深层次土壤质量提升效果更为明显。

表 8.4　　　　　　　　　　　各处理下土壤改良效果等级

深度	一等	处　理	二等	处　理	三等	处　理
$0\sim10cm$	$1.90\sim4.34$	G_2W_1、G_2W_2	$-0.54\sim1.90$	G_1W_1、G_1W_2、G_3W_1、G_3W_2	$-2.98\sim$ 0.54	G_1W_3、G_2W_3、G_3W_3
$10\sim20cm$	$1.75\sim2.91$	G_2W_1、G_2W_2	$-1.16\sim1.75$	G_1W_1、G_1W_2	$-4.07\sim$ -1.16	G_1W_3、G_2W_3、G_3W_1、G_3W_2、G_3W_3
$20\sim40cm$	$1.07\sim3.19$	G_1W_1、G_2W_1、G_2W_3	$-1.04\sim1.07$	G_1W_2、G_1W_3、G_2W_2	$-3.16\sim$ -1.04	G_3W_1、G_3W_2、G_3W_3

第 9 章

改良对不同质地碱化土壤三维孔隙结构的影响

CT 技术在土壤孔隙结构的可视化和定量化描述领域具有广泛的应用[195-196]。CT 图像分辨率受限于多个因素，包括 X 光射线强度、受试样本的基本性质以及样本大小、尺寸等。在同等工况条件下，样本越小，CT 图像分辨率越高，越能提供细节信息。但是，对于空间变异性较大的土壤而言，通过较小样本获取的数据对于整体的代表性有限。因此，在满足一定图像分辨率和试验目标要求的前提下，科研人员通常会选取大尺寸的样本进行数据提取，并选取具有代表性的图像区域（Region of Interest）进行分析。然而，代表图像区域的选取通常是为了降低所需要的计算机运算能力以相对高效地获得结果，这可能会造成结果的偏差[197-198]，现有关于选取研究区域大小对结果整体代表性的影响研究较少。

另外，土壤质地是影响土壤三维孔隙特征的重要因素之一。Luo 等[129]研究了壤砂土和粉砂壤土的三维孔隙特征后发现，在相同的植被覆盖条件下，壤砂土的三维大孔隙度、大孔隙内表面积、孔隙节点数量、孔长密度较粉砂壤土更低；而 Mangalassery 等[199]在研究了砂壤土和黏壤土的孔隙特点后则发现，黏壤土中孔隙数量虽高于砂壤土，但其平均孔径相比较小。本书前述章节中研究了质地为粉砂壤土的碱化土壤经过改良后三维孔隙的变化特性，但改良措施对于其他质地（如粉土和壤砂土）的碱化土壤三维孔隙结构的影响尚不明确。

本章将在室内环境条件下研究应用脱硫副产物对不同质地碱化土壤三维结构的影响，并探索分析不同研究区域大小所获取的孔隙信息对大尺度孔隙特征的代表性。

9.1 取样尺度对土壤二维孔隙特征的影响

不同质地碱化土壤改良前后不同截面尺寸样品的二维孔隙度见表 9.1。BNB（粉土）样本的二维孔隙度（以截面尺寸 25.4cm² 样本为例，改良前均值 4.40%，改良后均值 6.20%）大于 WY（粉壤土，改良前均值 3.62%，改良后均值 4.44%）样本，LS（砂壤土，改良前均值 1.88%，改良后均值 3.21%）样本二维孔隙度最小。不同质地的土壤，经过改良过程后其二维孔隙度均有显著的提高（$p < 0.05$）。整体上看，3 种质地土壤的二维孔隙度均随深度增加而降低，且砂壤土和粉土样本的下降情况最明显。Luo[129]和 Katuwal[200]同样观测到，在表层 0～10cm 土体范围内二维孔隙度随土壤深度增加而迅速降低的现象，并将其归因于表层土壤更容易受到扰动和风化影响。

表 9.1　　　　不同质地碱化土壤改良前后不同截面尺寸样品的二维孔隙度　　　　%

图像尺寸/cm²	BNB				LS				WY			
	1改良前	1改良后	2改良前	2改良后	1改良前	1改良后	2改良前	2改良后	1改良前	1改良后	2改良前	2改良后
1.6	6.09 (2.34)	6.66 (2.46)	6.05 (3.07)	6.07 (5.07)	1.58 (2.41)	2.18 (2.35)	1.75 (1.68)	4.06 (2.69)	1.95 (2.17)	2.77 (2.69)	3.47 (1.57)	4.26 (1.73)
3.6	5.90 (1.98)	7.97 (2.51)	5.71 (2.86)	4.76 (2.95)	1.73 (2.50)	3.05 (2.85)	2.52 (2.02)	4.52 (2.65)	2.54 (2.55)	3.44 (3.32)	3.67 (1.37)	4.63 (1.52)
9.9	4.93 (2.13)	7.79 (2.12)	5.35 (2.64)	3.58 (1.50)	1.66 (2.81)	2.06 (2.53)	2.45 (2.25)	3.78 (2.20)	2.36 (2.23)	3.68 (3.63)	4.08 (1.51)	5.23 (1.75)
25.4	5.00 (2.71)	6.70 (1.80)	3.79 (1.97)	5.71 (3.80)	1.69 (2.92)	2.71 (3.08)	2.06 (1.75)	3.71 (1.51)	3.24 (2.68)	3.70 (2.84)	3.99 (1.33)	5.19 (1.50)

注：括号内为标准差（$n=1200$）。

经检验，不同样品尺寸下各质地土壤样本整体的二维孔隙度差异并不显著，并未出现降低截面面积后计算土壤二维孔隙度整体上升或者整体下降的显著趋势（表9.1）。值得注意的是，较小截面尺寸样本（如截面面积1.6cm² 和3.6cm² 样本）的二维孔隙度在空间分布上与大截面尺寸样本（如截面面积25.4cm² 样本）的二维孔隙度空间分布有较大差异。图9.1中显示了不同质地碱化土壤在不同分析图像大小条件下孔隙度的垂向分布，

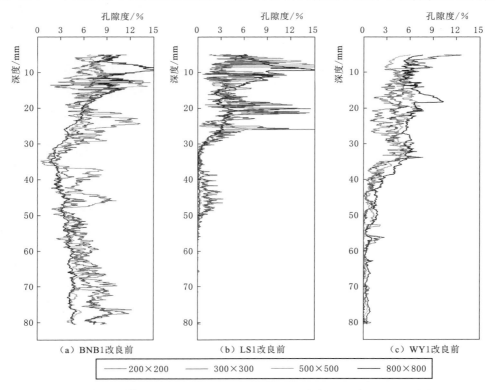

（a）BNB1改良前　　　　（b）LS1改良前　　　　（c）WY1改良前

———— 200×200　　———— 300×300　　———— 500×500　　———— 800×800

图9.1　不同质地碱化土壤在不同分析图像大小条件下孔隙度的垂向分布

就不同质地土壤而言，较小截面尺寸样本的二维孔隙度随深度的波动性大且偏离大截面尺寸样本二维孔隙度更多。

本书结果显示，3 种不同质地原状土壤的小尺寸图像与大尺寸图像的二维孔隙度差异不显著，表明在一定程度上利用小尺度图像来推算大尺度实体的孔隙度是可行的。但是过小尺寸图像（如本书中截面面积 1.6cm² 和 3.6cm² 样本）提取的数据有显著空间波动性，而大截面尺寸样本（如截面面积 9.9cm² 样本）的二维孔隙空间分布与实际值更加契合。因此，实际应用中应根据所要解决的科学问题以及事实分析中所存在的限制，如分析的样本大小以及计算机的数据处理能力，进行代表性图像区域的选取。

9.2　改良对不同质地碱化土壤二维孔隙特征的影响

图 9.2 显示了不同质地碱化土壤改良前后孔隙度的垂向分布（取最大截面尺寸 25.4cm² 样本计算值）。砂壤土 LS 和粉壤土 WY 样本在所有深度上的二维孔隙度均有一定幅度且稳定的增加，而改良后粉土 BNB 样本在 0.5～1cm 深度上的二维孔隙度小于改良前的二维孔隙度。在 1.3～4cm 深度上，改良后粉土 BNB 样本的二维孔隙度相较于改良前有极大幅度的增加。在 4cm 以下，改良后二维孔隙度略有提高。从整体平均二维孔隙度看，粉土 BNB、粉壤土 WY 与砂壤土 LS 改良后的二维孔隙度分别提高了 50%，44% 和 70%（表 9.2）。

表 9.2　　　　　　　　不同质地碱化土壤改良前后三维孔隙分布

处理	孔隙类型	孔隙度（孔径 ≥500μm）		孔隙（孔径 400～500μm）		孔隙（孔径 300～400μm）		孔隙（孔径 200～300μm）		孔隙（孔径 100～200μm）	
		垂直/%	水平/%	垂直/%	水平/%	垂直/%	水平/%	垂直/%	水平/%	垂直/%	水平/%
BNB	改良前	1.58 (1.83)	2.12 (1.20)	0.05 (0.01)	0.27 (0.03)	0.05 (0.01)	0.37 (0.00)	0.04 (0.01)	0.40 (0.02)	0.01 (0.01)	0.23 (0.02)
	改良后	4.18 (0.90)	1.80 (0.46)	0.04 (0.02)	0.31 (0.11)	0.04 (0.02)	0.37 (0.15)	0.03 (0.02)	0.37 (0.14)	0.01 (0.01)	0.27 (0.07)
LS	改良前	0.01 (0.01)	1.47 (0.04)	0.00 (0.00)	0.11 (0.07)	0.00 (0.00)	0.14 (0.09)	0.00 (0.00)	0.16 (0.13)	0.00 (0.00)	0.14 (0.13)
	改良后	0.01 (0.01)	2.61 (0.80)	0.00 (0.00)	0.15 (0.03)	0.00 (0.00)	0.17 (0.04)	0.00 (0.00)	0.20 (0.04)	0.00 (0.00)	0.16 (0.00)
WY	改良前	0.40 (0.35)	2.82 (0.34)	0.05 (0.02)	0.29 (0.02)	0.04 (0.02)	0.30 (0.03)	0.02 (0.01)	0.24 (0.01)	0.01 (0.00)	0.11 (0.00)
	改良后	0.49 (0.45)	3.15 (0.26)	0.05 (0.02)	0.36 (0.07)	0.05 (0.02)	0.37 (0.07)	0.03 (0.01)	0.31 (0.05)	0.01 (0.00)	0.16 (0.01)

注：括号内为标准差（$n=2$）。

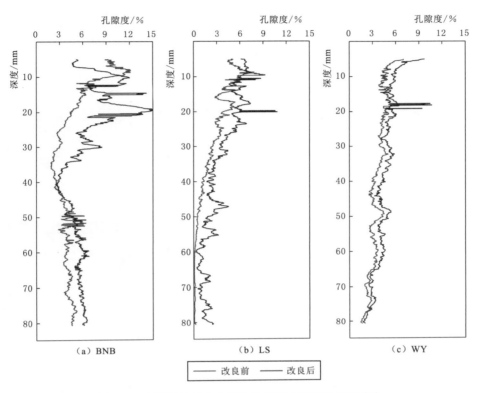

图 9.2　不同质地碱化土壤改良前后孔隙度的垂向分布

应用脱硫副产物可以提升碱化土壤的孔隙度，从而增加碱化土壤的透气透水性，最终为作物根系生长提供有利环境。Yu 等[201]经过 3 年的田间试验定量分析了不同脱硫副产物配合淋洗改良处理措施对不同深度土壤二维孔隙度的影响，发现施用脱硫副产物配合淋洗对 0～20cm 深度土壤孔隙度有显著提升。Lebron 等[147]通过室内土柱试验分析了不同石膏施用量下碱化土壤二维切片的孔隙特征，认为石膏施用降低了土壤碱化度 ESP 和 pH，进而影响了团聚体的组合与二维孔隙的数量和形态。本章结果表明三维孔隙体积水量的渗滤和淋洗可以促进脱硫石膏中的 Ca^{2+} 在土体中的迁移，促进团聚体的形成并提高全土柱范围的孔隙空间。值得注意的是，施加脱硫副产物配合淋洗降低了壤土样品 1cm 深度土层内的二维孔隙，其原因可能是经过长时间的饱和，表层的裂隙收缩并被弥散的颗粒所填充[202]，而 1～4cm 深度上二维孔隙较大幅度的增加是因为黏性土物质组成不均一，伴随含水率降低，土体干燥后出现了各种裂隙[203]。

9.3　改良对不同质地碱化土壤三维孔隙度和分布特征的影响

不同质地碱化土壤原状土柱改良前后土壤三维孔隙结构与骨架重构如图 9.3、图 9.4 所示。考虑到所使用的计算机运算能力有限，孔隙可视化部分使用可处理的最大截面尺寸样本进行构建，实际计算的三维孔隙特征参数则从按照截面尺寸为 $9.9\mathrm{cm}^2$ 的样本构建得到的三维图像和骨架中获得。不同质地土壤样本间的三维孔隙类型和状况差异明显。例如，LS 样本中存在大量分散、小体积且空间连贯度低的团聚体与颗粒间孔，而在 WY 样本和 BNB 样本中则可更多的观测到植物根系形成的管状且连贯度高的根孔。

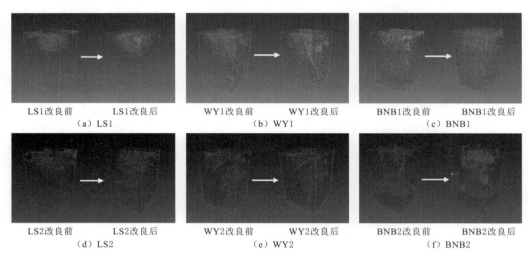

图 9.3 不同质地碱化土壤原状土柱改良前后土壤三维孔隙重构

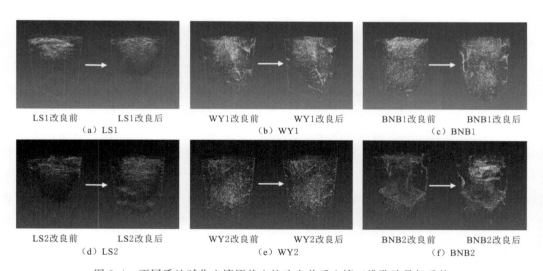

图 9.4 不同质地碱化土壤原状土柱改良前后土壤三维孔隙骨架重构

根据计算得到的等量孔隙直径，本文将三维孔隙分为大孔隙（等量直径 $>500\mu\mathrm{m}$）和中孔隙（$100\mu\mathrm{m}<$ 等量直径 $<500\mu\mathrm{m}$）。图 9.5 所示为不同质地碱化土壤原状土柱改良前后土壤孔隙孔径分布。从整体上看，BNB 样本改良前的平均大孔隙度为 $0.046\mathrm{m}^3/\mathrm{m}^3$，显著高于 LS 样本的 $0.020\mathrm{m}^3/\mathrm{m}^3$ 和 WY 样本的 $0.027\mathrm{m}^3/\mathrm{m}^3$（$p<0.05$）。平均中孔隙度则分别为 $0.017\mathrm{m}^3/\mathrm{m}^3$，$0.007\mathrm{m}^3/\mathrm{m}^3$ 和 $0.010\mathrm{m}^3/\mathrm{m}^3$。对各质地土壤来说，改良后的三维

大孔隙度均有显著提升。BNB 样本改良后平均大孔隙度为 $0.066\mathrm{m^3/m^3}$，增加了 43.4%。LS 样本改良后平均大孔隙度为 $0.025\mathrm{m^3/m^3}$，增加了 25.0%。WY 样本改良后平均大孔隙度为 $0.035\mathrm{m^3/m^3}$，增加了 29.6%。改良对中孔隙孔隙度的提升影响有限，其中 BNB 改良后平均中孔隙度下降为 $0.015\mathrm{m^3/m^3}$。

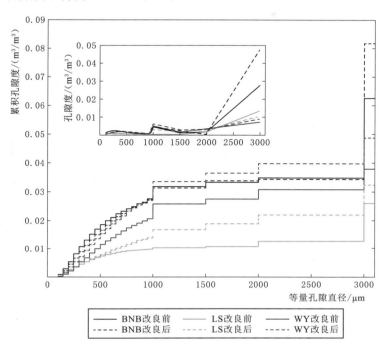

图 9.5　不同质地碱化土壤原状土柱改良前后土壤孔隙孔径分布

从图 9.5 可知，3 种质地土壤孔隙的孔径分布规律相似，但不同质地土壤孔隙度增加的类型不同。BNB 样本改良处理对等量直径大于 $3000\mu\mathrm{m}$ 孔隙的提高最为显著（改良前平均值为 $0.028\mathrm{m^3/m^3}$，改良后平均值为 $0.047\mathrm{m^3/m^3}$），其原因可能是粉土中黏粒含量较高，改良过程有利于大团聚体的形成并进一步扩大孔隙的尺寸[166]。另外，原有根孔以及裂隙充水和失水过程中土壤膨胀与收缩效应明显，会导致新的大裂隙形成[204]。LS 样本改良处理对以等量直径为 $500\sim2000\mu\mathrm{m}$ 孔隙度的提高较为明显，而在 $2000\mu\mathrm{m}$ 以上孔隙度则略有降低。WY 样本改良处理对所有孔径区间内的孔隙度均有增加，孔隙度增加幅度最大的是等量直径为 $1000\sim1500\mu\mathrm{m}$ 范围的内的孔隙。

9.4　改良对不同质地碱化土壤三维垂直孔隙与水平孔隙特征的影响

根据孔隙骨架在垂直向（Z 轴）上的投影与 Z 轴的夹角，可将三维孔隙可分垂直孔隙（夹角不大于 $45°$）和水平孔隙（夹角大于 $45°$）。表 9.2 中列出了不同类型孔隙的垂直和水平孔隙的孔隙度。垂直孔隙度在各个孔径段孔隙度中所占的比重均较小，LS 样本改良前平均垂直孔隙度最小，WY 样本次之。BNB 样本平均垂直孔隙度最高，为 $0.017\mathrm{m}^3/\mathrm{m}^3$，尤其是以大孔隙中的垂直孔隙度较高，该现象与 BNB 样本中表层垂直走向根孔和裂隙有密切联系。中孔隙中各孔径段垂直孔隙所占比例均较小。

改良措施对于 3 种质地土壤的垂直、水平孔隙度影响有差异。从整体来看，改良措施对 LS 样本和 WY 样本垂直孔隙度的提升效果有限，改良前后垂直孔隙度差异不显著。对 LS 样本而言，改良措施显著提升了水平大孔隙的孔隙度。对 WY 样本而言，改良措施显著提升了水平中孔隙的孔隙度。对 BNB 样本而言，改良措施对水平中孔隙度影响不显著，但显著提升了大孔隙垂直孔隙度，同时使水平孔隙度有一定程度的降低。

9.5 改良对不同质地碱化土壤三维孔网、孔长、节点密度和扭曲度的影响

孔网密度指单位土体内孔隙的数量。从图 9.6 中可知，不同质地碱化土壤不同类型孔隙的孔网密度及孔长密度，3 种质地土壤改良前的孔网密度为 BNB（$499.3/\mathrm{cm}^3$）＞WY（$309.2/\mathrm{cm}^3$）＞LS（$242.1/\mathrm{cm}^3$）。对 3 种质地的样本而言，等量孔隙直径越小的孔隙数量越多。等量直径在 $100\sim200\mu\mathrm{m}$ 内的孔隙数量在 LS 样本和 BNB 样本改良前样品中的比重分别为 77.7% 和 64.6%。相比之下，WY 样本各类型孔隙数量的密度更加均匀。孔长密

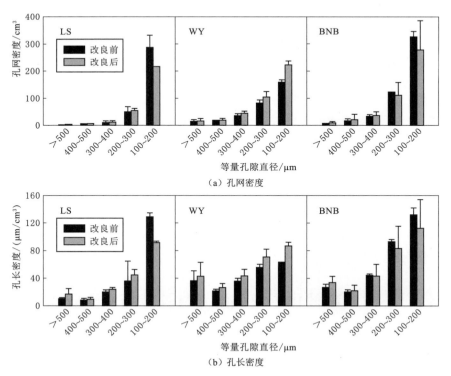

图 9.6　不同质地碱化土壤不同类型孔隙的孔网密度及孔长密度

度一定程度上反映了土体的连通程度。与孔网密度相似，孔长密度在 3 种质地土壤中分别为 BNB（316.6μm/cm^3）＞WY（212.0μm/cm^3）＞LS（144.7μm/cm^3）。从整体上来看，等量直径在 100～200μm 内的孔隙孔长密度在各质地土壤中都相对较高，WY 样本中各类型孔隙孔长密度分布更加均匀。

改良过程显著提高了 WY 样本的孔网密度（401.6/cm^3），尤其提高了等量直径在 100～200μm 孔隙的孔网密度。值得注意的是，改良过程降低了 LS 样本和 BNB 样本等量直径为 100～200μm 孔隙的孔网密度。而且 BNB 样本改良后的孔网密度（446.2/cm^3）较改良前小，但其大孔隙孔网密度略有增加。对于孔长密度，改良过程对 WY 样本所有孔径段内的孔长密度均有一定的提升效果。LS 样本等量直径为 100～200μm 孔隙的孔网密度在改良后有显著降低，但其大孔隙孔长密度有显著增加。类似的，BNB 样本的大孔隙与等量直径为 400～500μm 的孔隙孔长密度在改良后均有提高，而等量直径为 100～400μm 孔隙的孔长密度则略有降低。研究结果表明，对于粉土和砂壤土，改良过程可能促进了一部分大孔隙在空间上和微型中孔隙的合并；而对于粉壤土而言，改良过程则更多帮助了新孔隙的形成。

扭曲度和节点密度被多数研究者用于评价三维孔隙在空间上的形态。图 9.7 显示了不同质地碱化土壤孔隙的扭曲度和节点密度，改良前三维孔隙平均扭曲度规律为 LS（1.25）＜WY（1.29）＜BNB（1.31），改良过程对 3 种质地土壤样品的扭曲度均有提升但不显著。在空间上，经由根系和动物活动产生的孔隙通常具有较大的空间连贯性和较小扭曲度。本章中，根孔和动物产生孔隙的数量有限，但扭曲度依然较小，可能与孔隙空间分布较孤立、孔长短以及连贯度低有关。

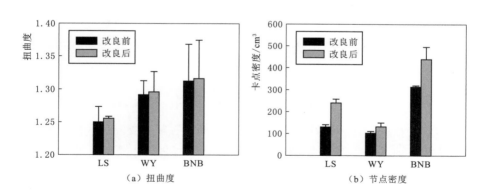

图 9.7　不同质地碱化土壤孔隙的扭曲度和节点密度

3 种质地碱化土壤改良前可见孔隙节点密度差异显著，规律为 WY（105.2/cm^3）＜LS（132.2/cm^3）＜BNB（314.8/cm^3）。改良后 3 种土壤样本的节点密度较改良前均显著增大，表明粉壤土可见孔隙具有更好的内部连通性，且改良措施有助于可见孔隙在空间上的伸展。

9.6　讨　　论

虽然已经开发了大量的阈值分割方法用于土壤 X 射线 CT 图像分割，但目前没有一种理论"标准"被普遍接受[79,141-142]。由于所采集样本的独特性、图像的分辨率大小、阈值算法的选择、观察者行为的不可预测性等不确定因素的影响，在图像分割过程中，以往的研究往往在比较各种阈值方法后提出不同的图像分割策略。例如，Iassonov 等[142]发现使用局部图像分割效果更好，但 Wang 等[209]指出全局图像分割比局部图像分割更有优势。此外，Baveye[79]指出，CT 图像分割是一种依赖于观察者的工作，使用现有的自动阈值分割算法不太可能减轻观察者的依赖性。在此建议根据实际情况采用灵活的 CT 图像分割策略。本章对具有水平孔隙比例高的典型特征碱土进行了 X 射线 CT 扫描和重建，获得了三维结构。然而，目前报道的碱土阈值分割法非常有限，所以采用了最佳的视觉检测方法对图像进行分割。这在许多已发表的报告中被认为是可行的[129,205]。此外，在之前的类似研究中，该方法也被证明在碱土 CT 图像分割中是可行的[201]。

就孔隙度而言，所有孔隙中垂直孔隙度所占比例大多显著小于水平孔隙度（$p <$ 0.05），且 3 种盐碱土的水平孔隙度所占比例均明显高于前人的研究报道[129,146,200]，这表明高比例的水平孔隙是本章中所研究的钠质土壤孔隙结构的典型特征。从结果来看，改良处理的影响仅限于沙质壤土和粉质壤土的垂直孔隙度，但增加了沙质壤土的水平孔隙度和粉质壤土的水平孔隙度。水平孔隙度的增加可能是受脱硫石膏和干湿交替过程导致土壤碎屑和孔隙结构平面化的综合效应的影响，以往的研究也有类似报道[78,206]。Lebron 等[147]认为粉质碱土中粉砂和黏土含量的增加及其与石膏的相互作用促进了团聚体的形成，从而扩大了孔隙的大小。形成的大孔隙促进了黏土和粉土颗粒的垂直运移，进一步增大了垂向大孔隙度。需要注意的是，虽然盐碱土的总孔隙度得到了很大的改善，但改善孔隙度的最大值仍然小于耕地土壤的适宜孔隙度[83]，这表明还需要优化改良措施来进一步提高盐碱土的质量。

在本章中，大孔隙和中孔隙的定义与 Zhou 等[205]报道的相同。然而，孔隙孔网密度值明显小于他们的结果，这表明碱化土和耕作土之间存在很大差异。我们测定的孔隙长度密度值也远小于先前关于耕作土壤的报告[129,200]，这可能是因为肥料条件好的耕作土壤具有更连续、更延伸的土壤孔隙和结构良好的团聚体，但钠质土壤孔隙的发展在空间连续性方面比较较弱。因此，较低的孔隙长度密度也被认为是碱化土的另一个特征。我们测得的孔隙扭曲度略低于 Jassogne 等[146]（1.5～2.5）、Luo 等[129]（1.34～1.70）和 Zhou 等[205]（1.96～2.05），而略高于 Perret 等[127]（1.12～1.17）和 Katuwal 等[200]（1.25）。

9.7　本　章　主　要　结　论

本章通过室内试验研究了不同质地碱化土壤在施用脱硫副产物并淋洗前后土壤二维和

三维孔隙的变化特征，主要结论如下：

（1）4个不同尺寸二维图像区域分析得到的土样整体二维孔隙度均值差异不显著，但是对单一图像而言，通过 $200\times200pixel^2$ 与 $300\times300pixel^2$ 图像区域获得的二维孔隙度较 $800\times800pixel^2$ 的二维孔隙度差异明显，在考虑计算机运算能力的条件下，通过 $500\times500pixel^2$ 图像区域获取的孔隙参数的整体代表性最好。砂壤和粉壤质碱土改良后全深度上二维孔隙均有一定幅度且稳定的增加，而粉质碱土在 4cm 深度以上的二维孔隙度增加幅度最大且高于其他质地碱土；

（2）对于3种质地碱土的大孔隙度、中孔隙度、垂直孔隙度、孔网密度、孔长密度和扭曲度均有粉土＞粉壤土＞砂壤土。从孔隙形态看，砂壤土中孔隙体积小、分散度高且空间连贯度低，而粉壤土和粉土中则有较多管状、高空间连贯度孔隙。

（3）施用脱硫副产物配合淋洗改良方式提升了3种质地的碱化土壤三维大孔隙度、扭曲度和节点密度，并对粉质碱土的垂直孔隙度、粉壤质碱土的水平中孔隙度和砂壤质碱土的水平大孔隙度增加有积极影响。

第10章

碱化土壤改良技术运用实践

10.1 背 景 情 况

10.1.1 区域情况

技术运用区域位于内蒙古自治区河套灌区乌拉特前旗树林子乡。该地区海拔 1007.00～1050.00m，地处荒漠平原地带，年降水量 215mm，主要集中在 7—8 月。年蒸发量达 2200mm，蒸降比在 10 以上。空气干燥度 2.39～3.39，湿润度 0.1～0.3。年平均风速 9.6m/s，全年风沙日 47～105d，属于大陆性气候。区域土壤盐化、碱化同时存在，其特点是三高：一是含盐量高，苏打碱化盐土 0～20cm 含盐量为 4.8～19.9g/kg，碱化土 0～20cm 含盐量为 3.3～27.1g/kg，且表聚性很强；二是 pH 高，均在 9.0 以上；三是碱化度高，碱荒地的碱化度都在 30 以上。

区域土壤物理性状很差，土体紧实，水力传导性弱，剖面土壤根据颜色和质地可分为四层，分别为：0～20cm、20～40cm、40～90cm 和 90～150cm，各层土壤的容重、饱和含水率见表 10.1，土壤化学性质见表 10.2。

表 10.1 各层土壤的容重、饱和含水率表

分层	深度/cm	强度碱化土		碱 土	
		容重/(g/cm³)	饱和含水率（体积）/%	容重/(g/cm³)	饱和含水率（体积）/%
1	0～20	1.33	36.77	1.49	30.44
2	20～40	1.36	33.56	1.50	29.32
3	40～90	1.30	37.89	1.43	33.8
4	90～150	1.45	29.67	1.59	25.52

表 10.2 土 壤 化 学 性 质

分层	深度/cm	强度碱化土		碱 土	
		ESP	pH	*ESP*	pH
1	0～5	23.4	9.4	40.7	11.3
2	5～10	20.9	10.4	34.1	11.3
3	10～20	18.3	10.5	31.9	11.1

分层	深度/cm	强度碱化土		碱　　土	
		ESP	pH	ESP	pH
4	20～40	17.7	10.2	30.4	9.6
5	40～60	16.6	9.3	29.0	9.3
6	60～80	16.8	9.2	28.7	9.2
7	80～100	17.6	9.3	28.5	9.3

10.1.2　技术运用情况

使用的脱硫副产物由内蒙古自治区巴彦淖尔市临河热电厂提供，其中含 $CaSO_4 \cdot 2H_2O$ 达 83.3％，其余含少量 $CaCO_3$ 和固体杂质。

脱硫副产物改良碱化土壤用量计算为

$$R_G(8.61 \times 10^{-2})H\rho(Na - KNa) \tag{10.1}$$

式中　H——改良土层厚度（一般为20cm）；

　　　ρ——该土层容重，选用设计改良层的加权平均值，g/cm^3；

　　Na——代换性钠含量，选用设计改良层测定的加权平均值，cmol/kg 土；

　　K——代换性钠容许系数，一般为0.1；

　　R_G——计算出的石膏需求量，t/hm^2。

根据脱硫副产物和石膏中 Ca^{2+} 的等量关系，求得脱硫副产物的用量为

$$T = 1.11 \times CaSO_4 \cdot 2H_2O \tag{10.2}$$

依据此公式计算强度碱化土和碱土得出脱硫副产物的实际用量分别为 $7.5t/hm^2$，$17.3t/hm^2$。

为兼顾技术运用与研究需求，在理论值基础上重点考虑碱化土壤类型、脱硫副产物的施用量2个因素，对脱硫副产物的施用量设计4个水平，共设8个处理：QJⅠ、QJⅡ、QJⅢ、QJⅣ、JⅠ、JⅡ、JⅢ、JⅣ，其中 QJ 代表强度碱化土，J 代表碱土，Ⅰ、Ⅱ、Ⅲ、Ⅳ代表脱硫副产物施用量，将脱硫副产物施加于20cm表土中混合均匀。脱硫副产物施加量见表10.3。

表 10.3　　　　　　　　脱硫副产物施加量

土壤类型	强度碱化土（QJ）				碱土壤区（J）			
处理	Ⅰ	Ⅱ	Ⅲ	Ⅳ	Ⅰ	Ⅱ	Ⅲ	Ⅳ
施加量/(t/hm^2)	3.75	7.5	11.25	15	18.75	22.5	26.25	30

为检验技术应用效果，选取部分重要参数进行测定。参数测定包括化学参数的测定、物理参数的测定和作物（向日葵）参数测定。化学参数包括阴离子、阳离子、全盐量、钠

吸附比（*SAR*）、碱化度（*ESP*）。物理参数包括土壤容重、田间持水量、饱和含水率。作物参数包括株高、径粗、叶片面积、植株鲜重、干重、根系、鲜重、干重等。

10.2　改良技术对碱化土壤盐分运移 规律及化学变化特征的影响

10.2.1　对碱化土壤碱化度的影响

改良前，无论是强度碱化土还是碱土，初始的碱化度（*ESP*）较高，强度碱化土 *ESP* 的初始平均值为 18.89，碱土 *ESP* 的初始平均值为 31.9。经过 1 年技术使用后（图 10.1），对于强度碱化土，脱硫副产物的施用量在不大于 11.25t/hm^2 时，其 *ESP* 降低的程度随着脱硫副产物用量的逐渐增加而增大，当脱硫副产物的施用量超过这一范围时，*ESP* 降低的程度呈现出减小的趋势；强度碱化土处理Ⅲ的 *ESP* 与同类碱化土壤的其他处理相比，降低的程度最大。对于碱土，脱硫副产物的施用量不大于 22.5t/hm^2，其 *ESP* 降低的程度随着脱硫副产物用量的逐渐增加而增大，当脱硫副产物的施用量超过这一范围时，*ESP* 降低的程度呈现出减小的趋势；碱土处理Ⅱ的 *ESP* 与同类碱化土壤的其他处理相比，降低的程度最大。

无论是强度碱化土还是碱土，在充分淋洗的条件下，0～30cm 范围内土体 *ESP* 减小的同时，引起了 30～100cm 土体范围内 *ESP* 增加，究其原因是供试土壤的理化性质均差，淋溶能力弱，不能保证土体中代换出的盐分完全淋洗出土体，使得 Ca^{2+} 置换出的 Na$^+$ 随淋洗水运移到 30cm 土体下部，再次附集到土壤胶体表面。

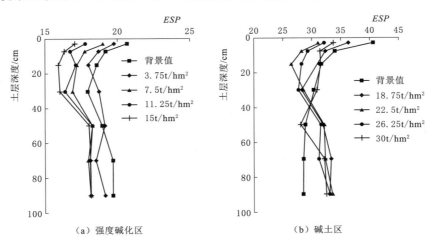

图 10.1　技术使用 1 年后不同碱化土壤 *ESP* 随土层深度变化

基于首年情况，第二年对供试碱化土壤连续施用脱硫副产物、灌溉、种植作物，其 *ESP* 随着时间增加明显降低，不同供试碱化土壤不同处理不同深度 *ESP* 随时间的变化如图 10.2 和图 10.3 所示。

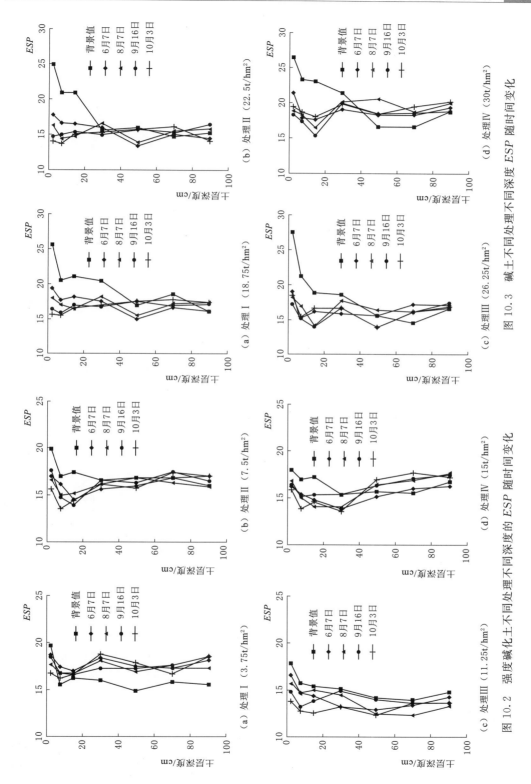

（a）处理Ⅰ（3.75t/hm²）

（b）处理Ⅱ（7.5t/hm²）

（c）处理Ⅲ（11.25t/hm²）

（d）处理Ⅳ（15t/hm²）随时间变化

图10.2　强度碱化土不同处理不同深度的 ESP 随时间变化

（a）处理Ⅰ（18.75t/hm²）

（b）处理Ⅱ（22.5t/hm²）

（c）处理Ⅲ（26.25t/hm²）

（d）处理Ⅳ（30t/hm²）随时间变化

图10.3　碱土不同处理不同深度 ESP 随时间变化

（1）可以看出，强度碱化土的 4 个不同处理 ESP 都得到了降低。

1）对于处理Ⅰ：在 0～30cm 范围内，ESP 的平均值为 17.20，在 30～100cm 范围内 ESP 的平均值为 17.8，说明较小的脱硫副产物施用量对于强度碱化土改良效果不明显。值得说明的一点是，由于土壤的空间变异性以及农作条件造成的取样误差导致该处理背景值很低，而随改良时间的增长，ESP 却累积增大。

2）对于处理Ⅱ：在 0～30cm 范围内，ESP 的平均值为 15.20，在 30～100cm 范围内 ESP 的平均值为 16.5，说明该处理 0～30cm 范围内土壤已十分接近强度碱化土转变为中度碱化土的临界值（$ESP=15$），30～100cm 范围内土壤碱化亦大大降低，强度碱化土正在向中度碱化土过渡。

3）对于处理Ⅲ：在 0～30cm 范围内，ESP 的平均值为 13.80，在 30～100cm 范围内 ESP 的平均值为 14.2，该处理 100cm 范围内土体的 ESP 已低于强度碱化土的下限（$ESP=15$），说明强度碱化土转变为中度碱化土。

4）对于处理Ⅳ：在 0～30cm 范围内，ESP 的平均值为 14.80，在 30～100cm 范围内 ESP 的平均值为 16.24，说明该处理 0～30cm 范围内土由强度碱化土转变为中度碱化土，30～100cm 范围内土壤碱化亦大大降低，强度碱化土向中度碱化土壤转变。

（2）碱土的 4 个不同处理 ESP 都得到了降低。

1）对于处理Ⅰ：在 0～100cm 范围内，ESP 的平均值为 17.8，该范围内碱土的 ESP 已于碱土的 ESP 的下限值（$ESP=20$），说明供试碱土已经转变为强度碱化土。

2）对于处理Ⅱ：在 0～100cm 范围内，ESP 的平均值为 15.3，该范围内碱土的 ESP 已低于碱土的 ESP 的下限值（$ESP=20$），而且十分接近强度碱化土的下限（$ESP=15$），说明碱土已经转变为碱化极弱的强度碱化土，而且亦处于由强度碱化土向中度碱化土转变时期。

3）对于处理Ⅲ：在 0～100cm 范围内，ESP 的平均值为 17，该围内碱土的 ESP 已低于碱土的 ESP 的下限值（$ESP=20$），说明碱土已经转变为强度碱化土。

4）对于处理Ⅳ：在 0～100cm 范围内，ESP 的平均值为 18.8，该围内碱土的 ESP 已低于碱土的 ESP 的下限值（$ESP=20$），说明碱土已经转变为强度碱化土。

碱化土壤在施用脱硫副产物并进行了两年的改良，在充分淋溶的条件下，脱硫副产物所能提供的 Ca^{2+} 与土壤胶体吸附的 Na^+ 进行交换反应。各个不同的处理施用的脱硫副产物量不同，故提供的 Ca^{2+} 量亦不同，不同程度上满足了该碱化土壤用于 Na^+-Ca^{2+} 交换所需要的 Ca^{2+}。对于强度碱化土，处理Ⅰ、处理Ⅱ提供的用于 Na^+-Ca^{2+} 交换所需要的 Ca^{2+} 量不足，而处理Ⅳ提供的用于 Na^+-Ca^{2+} 交换所需要的 Ca^{2+} 过量，在强度碱化土区所设置的 4 个不同的处理中，处理Ⅲ提供的用于 Na^+-Ca^{2+} 交换所需要的 Ca^{2+} 量是最适宜的。对于碱土，处理Ⅰ提供的用于 Na^+-Ca^{2+} 交换所需要的 Ca^{2+} 量不足，而处理Ⅲ、处理Ⅳ提供的用于 Na^+-Ca^{2+} 交换所需要的 Ca^{2+} 过量，在碱土所设置的 4 个不同的处理中，处理Ⅱ提供的用于 Na^+-Ca^{2+} 交换所需要的 Ca^{2+} 量是最适宜的。无论是任何一个处理，在发生 $Na^+ - Ca^{2+}$ 交换反应后，土壤中的 Na^+ 的量势必增多，因为碱化土壤的理化性质差，淋溶能力弱，即使在充分淋洗的条件下，亦不能保证将土体中代换出的 Na^+ 完全淋洗出土体，从而造成 Na^+ 再次附集到 $30\sim100cm$，这是导致碱化土壤 ESP 在这一范围高于背景值的原因所在。

通过以上分析可知：如果土壤具有一定的渗透能力，能保证完全土体中代换出的盐分淋洗出土体，那么，在一定范围之内施加脱硫副产物的量越多越有利于土壤的改良。但是一般碱化土壤的理化性质均差，淋溶能力弱，如果施加脱硫副产物过多，即使表层土壤结构得到改善，但下层将会有大量的盐分累积，同样会增加改良的难度。

总体说来，强度碱化土的改良效果要优于碱土。原因主要是强度碱化土土壤的通透性优于碱土土壤的通透性，代换出同样数量的 Na^+ 时，前者比后者更容易淋洗到土壤深层，产生盐分离子附集的量相对小，代换区域的离子总量减少的速度前者较后者快，土壤改良的效果自然相对好。

10.2.2　对碱化土壤钠吸附比的影响

技术使用 1 年后不同碱化土壤 SAR 随土层深度的变化如图 10.4 所示。可以看出：改良前，无论是强度碱化土还是碱土，土壤表层（$0\sim10cm$）的 SAR 较高，强度碱化土 SAR 在 20 以上，碱土 SAR 在 35 以上，然后随着深度的增大，SAR 逐渐降低，但强度碱化土 SAR 均在 16 以上，碱土 SAR 均在 25 以上。1 年后，对于强度碱化土，脱硫副产物的施用量在不大于 $11.25t/hm^2$ 这一范围之内，其 SAR 降低的程度随着脱硫副产物用量的逐渐增加而增大，当脱硫副产物的施用量超过这一范围时，SAR 降低的程度呈现出减小的趋势；强度碱化土处理Ⅲ的 SAR 与同类碱化土壤的其他处理相比，降低的程度最大。对于碱土，脱硫副产物的施用量在不大于 $22.5t/hm^2$ 这一范围之内，其 SAR 降低的程度随着脱硫副产物用量的逐渐增加而增大，当脱硫副产物的施用量超过这一范围时，SAR 降低的程度呈现出减小的趋势；碱土处理Ⅱ的 SAR 与同类碱化土壤的其他处理相比，降低的程度最大。无论是强度碱化土还是碱土，在 1m 深度范围内的土体，充分淋洗

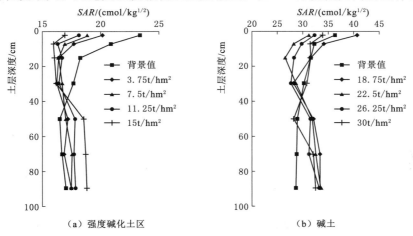

图 10.4　技术使用 1 年后不同碱化土壤 SAR 随土层深度的变化

的条件下，0～30cm 范围内 SAR 减少的同时，引起 30～100cm 范围内 SAR 增加，这无疑说明碱化土壤的理化性质均差，淋溶能力弱，不能保证土体中代换出的盐分完全淋洗出土体，造成 30～100cm 范围内 SAR 增加。

在首年基础上，第二年连续施用脱硫副产物、灌溉淋洗及种植耐盐碱作物后，其 SAR 随时间变化如图 10.5、图 10.6 所示。

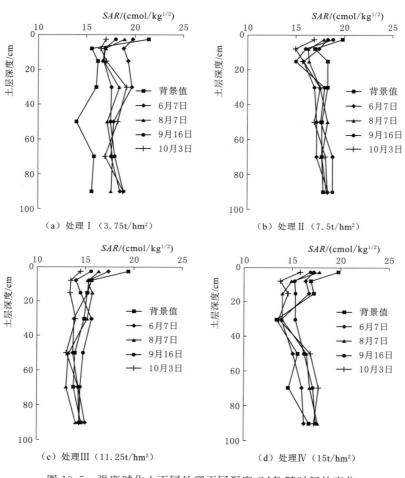

图 10.5　强度碱化土不同处理不同深度 SAR 随时间的变化

可以看出，无论是强度碱化土还是碱土，各自 4 个不同处理的 SAR 均得到了降低。对于强度碱化土，处理Ⅲ SAR 降低幅度最大，其值低于其他不同的处理，处理Ⅳ 的 SAR 降低的幅度在该碱化土壤的 4 个不同的处理中仅次于处理Ⅲ的降低幅度，其余两个处理 SAR 降低幅度由大到小的顺序为处理Ⅱ、处理Ⅰ。对于碱土，处理Ⅱ SAR 降低幅度最大，且相应的 SAR 低于其他不同的处理，处理Ⅲ的 SAR 降低的幅度在该碱化土壤的 4 个不同的处理中仅次于处理Ⅱ的降低幅度，其余两个处理 SAR 降低幅度由大到小的顺序为处理Ⅳ、处理Ⅰ。对于同一个处理，在 SAR 低于背景值的土层范围，SAR 随着时间的

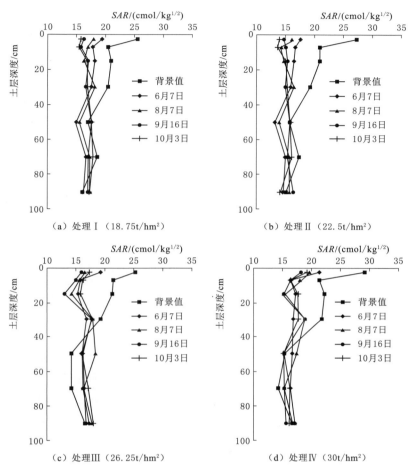

（a）处理Ⅰ（18.75t/hm²） （b）处理Ⅱ（22.5t/hm²）

（c）处理Ⅲ（26.25t/hm²） （d）处理Ⅳ（30t/hm²）

图 10.6 强度碱化土不同处理不同深度 SAR 随时间的变化

增加而逐渐降低，在 SAR 高于背景值土层范围，SAR 随着时间的增加而逐渐累积增加。

碱化土壤在连续施用两次脱硫副产物后，在充分淋溶的条件下，碱化土壤的 SAR 均得到了降低，降低的程度依处理的不同以及碱化土壤碱化强弱而有别。碱化土壤中施用的脱硫副产物所提供的 Ca^{2+} 不同程度上满足了该碱化土壤用于 $Na^+ - Ca^{2+}$ 交换所需要的 Ca^{2+}。各种不同碱化土壤的各个不同处理施用的脱硫副产物量不同，故能提供的 Ca^{2+} 量也不同，从上述现象可分析出如下结论，对于强度碱化土，处理Ⅰ、处理Ⅱ提供的用于 $Na^+ - Ca^{2+}$ 交换所需要的 Ca^{2+} 量不足，而处理Ⅳ提供的用于 $Na^+ - Ca^{2+}$ 交换所需要的 Ca^{2+} 过量，在该碱化土区所设置的 4 个不同的处理中，处理Ⅲ提供的用于 $Na^+ - Ca^{2+}$ 交换所需要的 Ca^{2+} 量是最适宜的。对于强度碱化土，处理Ⅰ提供的用于 $Na^+ - Ca^{2+}$ 交换所需要的 Ca^{2+} 量不足，而处理Ⅲ、处理Ⅳ提供的用于 $Na^+ - Ca^{2+}$ 交换所需要的 Ca^{2+} 过量，在该碱化土区所设置的 4 个不同的处理中，处理Ⅱ提供的用于 $Na^+ - Ca^{2+}$ 交换所需要的 Ca^{2+} 量是最适宜的。

10.2.3　对碱化土壤 pH 的影响

碱化土壤加入脱硫副产物，经过充分淋洗，技术应用 1 年后不同碱化土壤 pH 随土层深度的变化如图 10.7 所示。

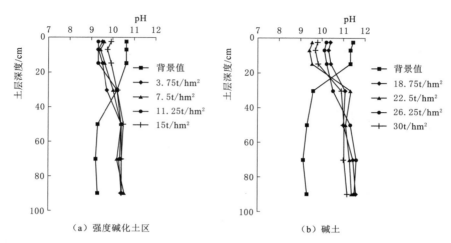

图 10.7　技术应用 1 年后不同碱化土壤 pH 随土层深度的变化

由图 10.7 可以看出：改良前，无论是强度碱化土还是碱土，土壤在一定深度范围（0～15cm）的 pH 较高，强度碱化土 pH 在 10.8 左右，碱土 pH 在 11.3 左右，然后随着深度的增大，pH 逐渐降低，但强度碱化土 pH 均在 9 以上，碱土 PH 均在 9.5 以上。一年后，对于强度碱化土，脱硫副产物的施用量在不大于 11.25t/hm² 这一范围之内，其 pH 降低的程度随着脱硫副产物用量的逐渐增加而增大，当脱硫副产物的施用量超过这一范围时，pH 降低的程度呈现出减小的趋势；处理Ⅲ的 pH 与同类碱化土壤的其他处理相比，降低的程度最大。对于碱土，脱硫副产物的施用量在不大于 22.5t/hm² 这一范围之内，其 pH 降低的程度随着脱硫副产物用量的逐渐增加而增大，当脱硫副产物的施用量超过这一范围时，pH 降低的程度呈现出减小的趋势；处理Ⅱ的 SAR 与同类碱化土壤的其他处理相比，降低的程度最大。无论是强度碱化土还是碱土，在 1m 深度范围内的土体，在充分淋洗的条件下，0～30cm 范围内 pH 减小的同时，引起 30～100cm 范围内 pH 增加，这无疑说明碱化土壤的理化性质均差，淋溶能力弱，不能保证土体中代换出的盐分完全淋洗出土体，造成 30～100cm 范围内 pH 增加。

在首年改良基础上，第二年对碱化土壤连续施用脱硫副产物、灌溉淋洗、种植耐碱向日葵改良，其不同处理不同深度 pH 随时间的变化如图 10.8、图 10.9 所示。

（1）可以看出，强度碱化土的 4 个不同处理 pH 都得到了降低，各个不同处理的在 0～30cm 范围内 pH 的平均值分别为：处理Ⅰ的 pH 平均值为 8.20，处理Ⅱ的 pH 平均值为 8.0，处理Ⅲ的 pH 平均值为 7.5，处理Ⅳ的 pH 平均值为 7.8。这说明该碱化土壤的 4 个不同处理在 0～30cm 范围内的 pH 已低于引起土壤结构恶化和影响作物生长的临界

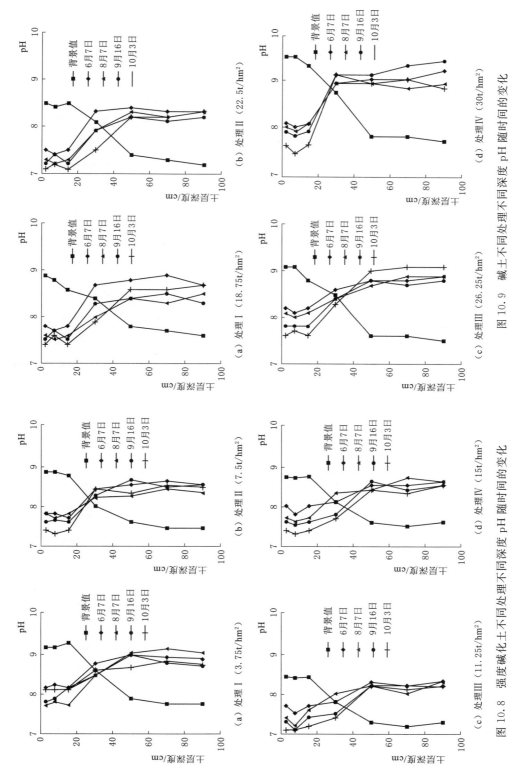

（a）处理 I（3.75t/hm²）　　（b）处理 II（7.5t/hm²）　　（c）处理III（11.25t/hm²）　　（d）处理IV（15t/hm²）

图 10.8　强度碱化土不同处理不同深度 pH 随时间的变化

（a）处理 I（18.75t/hm²）　　（b）处理 II（22.5t/hm²）　　（c）处理III（26.25t/hm²）　　（d）处理IV（30t/hm²）

图 10.9　碱土不同处理不同深度 pH 随时间的变化

pH（pH＝8.5）；进而说明该范围内的盐分已经属于中度碱化土壤盐分范围，作物生长不会受到盐分的胁迫；30～100cm 范围内 4 个不同处理的 pH 平均值都高于该碱化土壤的初始值；碱化土壤 0～30cm 范围内的盐分随水一起运移到 30cm 以下，导致了 30cm 以下土体的 pH 升高。

（2）碱土的 4 个不同处理 pH 也都得到了降低，各个不同处理在 0～30cm 范围内 pH 的平均值分别为：处理 I 的 pH 平均值为 8，处理 II 的 pH 平均值为 7.6，处理 III 的 pH 平均值为 8.2，处理 IV 的 pH 平均值为 8.4。说明该碱化土壤的 4 个不同处理在 0～30cm 范围内的 pH 都已低于引起影响作物生长的临界 pH（pH＝8.5）；30～100cm 范围内 4 个不同处理的 pH 平均值都高于该碱化土壤的初始值。

经过一年多的田间技术应用，在 100cm 深度的土层范围内，碱化土壤 pH 有了大幅度的变化，但不同处理之间，pH 降低的幅度存在明显的差别，其原因分析有：①该范围内的土壤胶体上吸附的 Na^+ 充分被 Ca^{2+} 代换并淋洗到了 30cm 以下；②种植耐碱的向日葵后，向日葵根区也能分泌出酸性物质而使得根区活动层的 pH 降低。在其根系活动层内，根系吸收 NH_4^+（作物根区可以分泌出酸性物质而且根有以 NH_4^+ 这种方式吸收营养元素 N 的能力），使得周围的环境向 pH 变小趋势发展；③碱化土壤中，种植向日葵后，在向日葵根的主要活动层范围之内，由于土壤微观结构得以改善，使该范围的土壤含水量增加，土壤含水量高造成 CO_2 局部分压增加导致 pH 降低。本结论与 Ponnamperuma 和 Robbins 分别用 $Na_2CO_3—H_2O—CO_2$ 模型证实的高含水量碱化土壤会导致 pH 降低结论吻合得很好，说明了结果的可靠性和合理性。但就碱化土壤改良过程分析中，pH 降低的主要原因是 $Na^+—Ca^{2+}$ 交换、淋洗机制的作用。

10.2.4 主要结论

通过对两种碱化程度的土壤进行连续两年的大田改良技术应用，土壤的 *ESP*、*SAR* 和 pH 变化规律如下：

（1）无论是强度碱化土还是碱土，在施加脱硫副产物淋洗后，0～30cm 的土壤胶体上吸附的 Na^+ 都明显降低；不同碱化土壤不同处理间存在着较大的差异。总体来说，如果土壤具有一定的渗透能力，能保证完全土体中代换出的盐分淋洗出土体，那么在一定范围之内（对于强度碱化土区，脱硫副产物的施用量不大于 11.25t/hm²，对于碱土，脱硫副产物的施用量不大于 22.5t/hm²），施加脱硫副产物的数量越多越有利于土壤的改良。超过这一范围，因为一般碱化土壤的理化性质均差，淋溶能力弱，施加过量脱硫副产物，虽使表层土壤结构得到改善，但下层将会有大量的盐分累积，同样会增加改良的难度。

（2）碱化土壤的 *SAR* 均得到了降低，降低的程度依处理的不同以及碱化土壤碱化强弱而有别。碱化土壤中施用的脱硫副产物所提供的 Ca^{2+} 不同程度上满足了该碱化土壤用于 $Na^+—Ca^{2+}$ 交换所需要的 Ca^{2+}。不同碱化土壤处理施用的脱硫副产物量不同，故提供的 Ca^{2+} 量亦不同。对于强度碱化土，脱硫副产物施用量为 3.75t/hm²、7.5t/hm²，这两个处理提供的用于 $Na^+—Ca^{2+}$ 交换所需要的 Ca^{2+} 量不足，而脱硫副产物施用量 15t/hm²

的处理提供的用于 $Na^+ - Ca^{2+}$ 交换所需要的 Ca^{2+} 过量,在该碱化土区所设置的 4 个不同的处理中,脱硫副产物施用量为 $11.25t/hm^2$,这一处理提供的用于 $Na^+ - Ca^{2+}$ 交换所需要的 Ca^{2+} 量是最适宜的。对于强度碱化土,脱硫副产物施用量为 $18.75t/hm^2$,这一处理提供的用于 $Na^+ - Ca^{2+}$ 交换所需要的 Ca^{2+} 量不足,而脱硫副产物施用量为 $26.25t/hm^2$、$30t/hm^2$ 的这两个处理提供的用于 $Na^+ - Ca^{2+}$ 交换所需要的 Ca^{2+} 过量,在该碱化土区所设置的 4 个不同的处理中,脱硫副产物施用量为 $22.5t/hm^2$ 这个处理提供的用于 $Na^+ - Ca^{2+}$ 交换所需要的 Ca^{2+} 量最适宜。

（3）无论是碱土还是强度碱化土,$0\sim30cm$ 的 pH 明显降低,主要是由于碱化土壤在 $0\sim30cm$ 范围的土壤胶体上吸附的 Na^+ 充分被 Ca^{2+} 代换并淋洗到了 30cm 以下。碱化土壤的彻底改良与表层盐分在下层附集是互不相容的,所以要使得碱化土壤得到彻底的改良,就不能使表层盐分在下层积累,而是随着淋洗溶液一起运移到深层。要达到这一目的,绝非易事,这也无疑说明碱化土壤改良是一个较漫长的过程。

（4）总体说来,强度碱化土的改良效果要优越于碱土,这主要是由于强度碱化土土壤的通透性优于碱土土壤的通透性,代换出同样数量的 Na^+ 时,前者比后者更容易淋洗到土壤深层,产生离子附集的量相对小,代换区内的离子总量减少的速度前者较后者快,土壤改良的效果自然相对要好。

10.3　改良技术对作物生长的影响

影响碱化土壤作物生长的两个关键因素是代换性 Na^+ 和 pH。阳离子代换性能通常是评价土壤保水保肥能力的指标,尤其对碱化土壤来说,则是更为重要的土壤改良指标,碱化土壤的许多不良性质是与其含有大量的代换性 Na^+ 密切相关的,当土壤溶液中的 Na^+ 含量过高时,常使土壤黏粒和团聚体分散,从而使土壤对水和空气的渗透性降低。技术运用区域土壤含有大量的代换性 Na^+ 及土壤溶液中的 Na^+ 含量很高,土壤理化性质恶劣。土壤盐碱含量超过作物正常生长允许范围时,便直接或间接地产生生态或生理伤害。生态上,从整体与器官水平来看,盐碱会造成植株矮小细弱,叶片数减少,叶面积系数下降,扎根深。由于土壤盐碱过多,造成土壤溶质势与基质势减小,降低了土壤溶液的水势,引起植物吸水困难,严重时还将引起组织内水分外滋,即碱化条件下所产生的"生理干旱"现象,使作物各器官的生长发育延缓。

作物的耐盐性,不仅仅取决于作物本身,更与土壤中盐类组成有密切关系。当土壤中含水溶性钙较高时,作物的抗盐力就能增强;当土壤中缺钙时,作物的抗盐力会显著减小,作物的抗盐力与土壤中含钙量大小有密切关系。向日葵同甜菜一样也属耐盐经济作物,将向日葵种植在总盐量大于 1.0％的盐渍化土壤上,经取土分析和观察,向日葵可在总盐量小于 1.4％的重盐化富钙土壤上正常生长,并可获得 $80\sim150kg$ 的产量。当土壤中总盐量达到 1.4％时,土壤中硫酸钙含量竟高达 0.87％,而有害盐类的总量却小于

0.6％，所以向日葵仍能正常生长。故可以将向日葵的耐盐指标暂定为总盐≤1.4％；其中 $CaSO_4$≥0.85％；$MgSO_4$≤0.3％；Na_2SO_4≤0.2％；$CaCl_2$≤0.03％；$Ca(HCO_3)_2$≤0.02％。经分析向日葵具有良好的生物脱盐作用，向日葵杆灰中含水溶性盐达 38.31％～51.66％。每年每亩向日葵可收风干向日葵杆 400～800kg，带走 10～24kg 盐。可见向日葵具有较强的耐盐性和较高的吸盐力，为较理想的盐改先锋作物。

本书跟踪分析了脱硫副产物不同施用量对向日葵生长的不同生理指标（向日葵的株高、径粗、叶面积、生物产量以及种子产量等）的影响。

10.3.1　对向日葵株高指标的影响

株高是用来表示作物生长量的重要指标之一。合理的株高能把叶片拉开层次，冠层间叶片空间分布均衡，间隙光得到有效利用，利于建造合适的源、库、流系统，为形成较高籽粒产量奠定了良好的物质基础。从整个生育期看，在相同的栽培管理条件下，株高呈单峰曲线变化，株高在生育期中的乳熟期达到最高峰，之后下降。在苗期到盛花期株高变化处于单峰曲线的上升阶段。不同处理的碱化土壤株高随时间的变化如图 10.10 所示，从图 10.10 中可以看出，在强度碱化土设置的 4 个不同处理中，同一时间，处理Ⅲ的株高高于其他 3 个不同的处理，其他 3 个处理株高由大到小的顺序为：处理Ⅱ、处理Ⅳ、处理Ⅰ；在碱土设置的 4 个不同的处理之中，同一时间，处理Ⅱ的株高达到了最大值，其他 3 个处理株高由大到小的顺序为：处理Ⅲ、处理Ⅳ、处理Ⅰ。不同的碱化土壤，强度碱化土不同处理的株高分别高于同期碱土各个不同处理的株高；在设置的 8 个不同的处理中，强度碱化土的处理Ⅲ的株高达到了最大。

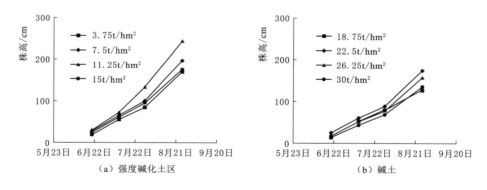

图 10.10　不同处理的碱化土壤株高随时间的变化

对于强度碱化土，脱硫副产物的施用量在不大于 11.25t/hm² 时，对于碱土，脱硫副产物的施用量在不大于 22.5t/hm² 时，向日葵株高随着脱硫副产物用量的逐渐增加而增大；当施用量超过这一范围时，过量施用的脱硫副产物会抑制碱化土壤的改良，使得向日葵生长受到了限制。对于强度碱化土，脱硫石膏的施用量为 11.25t/hm²，碱土为 22.5t/hm² 时，向日葵的株高最大。

10.3.2 对向日葵径粗的影响

径粗对株型是一关键的形态参数，其抗群体冠层的截光能力、光分布状态和光能利用率影响较大。茎秆粗，根系亦发达，抗倒伏及抗病虫害，有利于流系统的畅通，促进光合产物合理分配运转，增加干物质积累。从整个生育期看，在相同的栽培管理条件下，向日葵径粗呈单峰曲线变化，最高峰位于末花期。不同处理的碱化土壤向日葵径粗随时间的变化如图 10.11 所示。

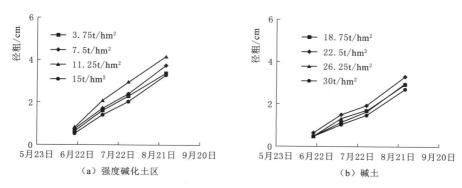

（a）强度碱化土区　　　　　　　　　　（b）碱土

图 10.11　不同处理的碱化土壤向日葵径粗随时间的变化

在强度碱化土设置的 4 个不同处理之中，同一时间，处理Ⅲ的径粗高于其他 3 个不同的处理，其他 3 个处理径粗由大到小的顺序为：处理Ⅱ、处理Ⅳ、处理Ⅰ；在碱土设置的 4 个不同的处理之中，同一时间，处理Ⅱ的径粗达到了最大值，其他 3 个处理株高由大到小的顺序为：处理Ⅲ、处理Ⅳ、处理Ⅰ。不同的碱化土壤，强度碱化土不同处理的径粗分别高于同期碱土各个不同处理的径粗；在设置的 8 个不同的处理之中，强度碱化土的处理Ⅲ的径粗达到了最大。

对于强度碱化土，脱硫副产物的施用量在不大于 11.25t/hm² 时，对于碱土，脱硫副产物的施用量在不大于 22.5t/hm² 时，向日葵径粗随着脱硫副产物用量的逐渐增加而增大；当施用量超过这一范围时，过量施用的脱硫副产物会抑制碱化土壤的改良，使得向日葵生长受到了限制。对于强度碱化土，脱硫石膏的施用量为 11.25t/hm²，碱土为 22.5t/hm²时，向日葵的径粗最大。

10.3.3 对向日葵叶面积的影响

叶面是作物进行光合作用、蒸腾作用等生理过程的主要器官。叶面积的消长是衡量作物个体和群体生长发育好坏的重要标志。叶面积大小直接影响到作物光合面积的大小，最终影响到作物的产量。叶面积变化的一般规律是生育前期叶面积逐渐增大，进入开花期后，叶片内有机物向花盘内转化和下部叶片的衰老、死亡，使群体叶面积逐渐下降，直至成熟收获。不同处理的碱化土壤向日葵叶面积随时间变化如图 10.12 所示。

从图 10.12 中可以看出，在强度碱化土设置的 4 个不同处理之中，同一时间，处理Ⅲ的叶面积高于其他 3 个不同的处理，其他 3 个处理叶面积由大到小的顺序为：处理Ⅱ、处理Ⅳ、处理Ⅰ；在碱土设置的 4 个不同的处理之中，同一时间，处理Ⅱ的叶面积达到了最

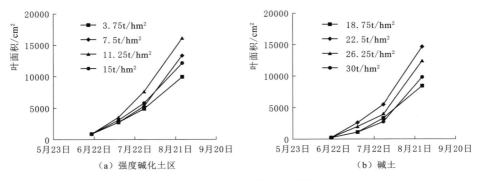

图 10.12　不同处理的碱化土壤叶面积随时间的变化

大值，其他 3 个处理株高由大到小的顺序为：处理Ⅲ、处理Ⅳ、处理Ⅰ。不同的碱化土壤，强度碱化土不同处理的叶面积分别高于同期碱土各个不同处理的叶面积；在设置的 8 个不同的处理中，强度碱化土的处理Ⅲ的叶面积达到了最大。

　　对于强度碱化土，脱硫副产物的施用量在不大于 11.25t/hm² 时，对于碱土，脱硫副产物的施用量在不大于 22.5t/hm² 时，向日葵叶面积随着脱硫副产物用量的逐渐增加而增大；当施用量超过这一范围时，过量施用的脱硫副产物会抑制碱化土壤的改良，使得向日葵生长受到了限制。对于强度碱化土，脱硫石膏的施用量为 11.25t/hm²，碱土为 22.5t/hm² 时，向日葵的叶面积最大。

10.3.4　对向日葵植株鲜重/干物质积累量的影响

　　不同处理的碱化土壤向日葵植株鲜重与干重随时间的变化如图 10.13、图 10.14 所示。

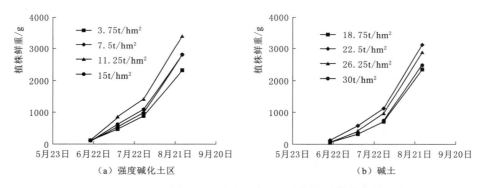

图 10.13　不同处理的碱化土壤向日葵鲜重随时间变化

　　从图 10.13 中可以看出，碱化土壤植株鲜重的累积增加量在苗期和非苗期有着明显的差异。在苗期，植株鲜重的累积速度较慢，非苗期后，植株鲜重的累积速度明显增加。这主要是由于向日葵在苗期生命力最弱，最容易造成在碱化条件所下产生的"生理干旱"现象，使作物各器官的生长发育延缓。经过苗期之后，随着土壤盐分向下运移以及向日葵的抗盐碱能力增强，发生"生理干旱"现象的可能性大大降低，向日葵各个器官的生长发育

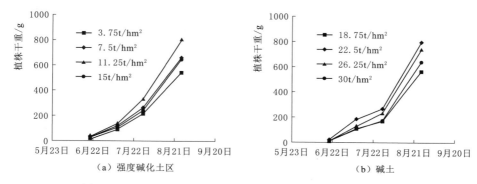

图 10.14　不同处理的碱化土壤向日葵植株干重随时间的变化

迅速。

在强度碱化土设置的 4 个不同处理之中，同一时间，处理Ⅲ的植株鲜重高于其他 3 个不同的处理，其他 3 个处理植株鲜重由大到小的顺序为：处理Ⅱ，处理Ⅳ，处理Ⅰ；在碱土设置的 4 个不同的处理之中，同一时间，处理Ⅱ的植株鲜重达到了最大值，其他 3 个处理株高由大到小的顺序为：处理Ⅲ、处理Ⅳ、处理Ⅰ。不同碱化的土壤，强度碱化土不同处理的植株鲜重均大于同期碱土不同处理的植株鲜重。强度碱化土处理Ⅲ、碱土处理Ⅱ的植株鲜重从苗期到盛花期的不同生育阶段均达到了同类碱化土不同处理最大值，说明该处理改良后的土壤在同类碱化的 4 个处理中最适合向日葵生长，进一步说明该处理碱化土壤的改良效果最佳。

对于强度碱化土，脱硫副产物的施用量在不大于 11.25t/hm² 时，对于碱土，脱硫副产物的施用量在不大于 22.5t/hm² 时，向日葵植株鲜重随着脱硫副产物用量的逐渐增加而增大；当施用量超过这一范围时，过量施用的脱硫副产物会抑制碱化土壤的改良，使得向日葵生长受到了限制。对于强度碱化土，脱硫石膏的施用量为 11.25t/hm²，碱土为 22.5t/hm² 时，向日葵的植株鲜重最大。

向日葵植株鲜重脱水之后的重量称为植株干重。从图 10.14 中可以看出，碱化土壤植株干重的累积量与植株鲜重的累积量的变化趋势完全一致。即在强度碱化土设置的 4 个不同处理之中，同一时间，处理Ⅲ的植株干重高于其他 3 个不同的处理，其他 3 个处理植株干重由大到小的顺序为：处理Ⅱ、处理Ⅳ、处理Ⅰ；在碱土设置的 4 个不同的处理之中，同一时间，处理Ⅱ的植株干重达到了最大值，其他 3 个处理株高由大到小的顺序为：处理Ⅲ、处理Ⅳ、处理Ⅰ。不同碱化的土壤，强度碱化土不同处理的植株干重均大于同期碱土不同处理的植株干重。

对于强度碱化土，脱硫副产物的施用量在不大于 11.25t/hm² 时，对于碱土，脱硫副产物的施用量在不大于 22.5t/hm² 时，向日葵植株干重随着脱硫副产物用量的逐渐增加而增大；当施用量超过这一范围时，过量施用的脱硫副产物会抑制碱化土壤的改良，使得向日葵生长受到了限制。强度碱化土，脱硫石膏的施用量为 11.25t/hm²，碱土为 22.5t/hm² 时，向日葵的植株干重最大。

影响向日葵植株鲜重、干物质累积量的因素很多。本书认为碱化土壤的改良效果是决定向日葵生长的重要因素，故而也是影响向日葵植株鲜重、干重累积量的最重要的因素。无论是碱土还是强度碱化土，在施加脱硫副产物淋洗后，土壤都得到了改良，改良效果因脱硫副产物的施用量不同而异；强度碱化土处理Ⅲ、碱土处理Ⅱ的植株鲜重、干重从苗期到盛花期的不同生育阶段均达到了同类碱化土不同处理最大值，说明该处理改良后的土壤在同类碱化的 4 个处理中最适合向日葵生长，进一步说明该处理碱化土壤的改良效果最佳。强度碱化土更适宜向日葵生长，故而同一时期，强度碱化土各个处理之中，植株的鲜重、干重均要高于同时期碱土的相应的值。

10.3.5　对向日葵根系部分鲜重、干重积累量的影响

不同处理的碱化土壤向日葵根系鲜重与干重随时间的变化如图 10.15、图 10.16 所示。

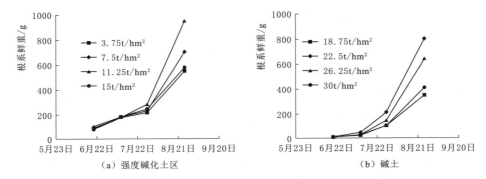

图 10.15　不同处理的碱化土壤向日葵根系鲜重随时间的变化

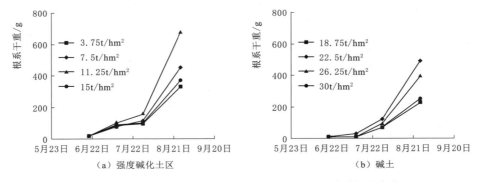

图 10.16　不同处理的碱化土壤向日葵根系干重随时间的变化

从图 10.15 中可以看出，碱化土壤根系鲜重的累积增加量在苗期和非苗期有着明显的差异。在苗期，根系鲜重的累积速度较慢，非苗期后，根系鲜重的累积速度明显增加。这主要是由于向日葵在苗期根系扎到土层的深度浅，生命力最弱，最容易造成在碱化条件所下产生的"生理干旱"现象，根系受到盐碱胁迫后，生长发育延缓；经过苗期之后，随着

土壤盐分向下运移以及向日葵的抗盐碱能力增强，发生"生理干旱"现象的可能性大大降低，向日葵各个器官的生长发育迅速。

在强度碱化土设置的 4 个不同处理之中，同一时间，处理Ⅲ的根系鲜重高于其他 3 个不同的处理，其他 3 个处理根系鲜重由大到小的顺序为：处理Ⅱ、处理Ⅳ、处理Ⅰ；在碱土设置的四个不同的处理之中，同一时间，处理Ⅱ的根系鲜重达到了最大值，其他 3 个处理株高由大到小的顺序为：处理Ⅲ、处理Ⅳ、处理Ⅰ。不同碱化的土壤，强度碱化土不同处理的根系鲜重均大于同期碱土不同处的根系鲜重。强度碱化土处理Ⅲ、碱土处理Ⅱ的根系鲜重从苗期到盛花期的不同生育阶段均达到了同类碱化土不同处理最大值，说明该处理改良后的土壤在同类碱化的 4 个处理中最适合向日葵生长，进一步说明该处理碱化土壤的改良效果最佳。

对于强度碱化土，脱硫副产物的施用量在不大于 $11.25t/hm^2$ 时，对于碱土，脱硫副产物的施用量在不大于 $22.5t/hm^2$ 时，向日葵根系鲜重随着脱硫副产物用量的逐渐增加而增大；当施用量超过这一范围时，过量施用的脱硫副产物会抑制碱化土壤的改良，使得向日葵生长受到了限制。对于脱硫石膏的施用量，强度碱化土为 $11.25t/hm^2$，碱土为 $22.5t/hm^2$ 时，向日葵的根系鲜重最大。

向日葵根系鲜重脱水之后的重量称为根系干重。从图 10.16 中可以看出，碱化土壤根系干重的累积量与根系鲜重的累积量的变化趋势完全一致。亦即在强度碱化土设置的 4 个不同处理之中，同一时间，处理Ⅲ的根系干重高于其他 3 个不同的处理，其他 3 个处理根系干重由大到小的顺序为：处理Ⅱ、处理Ⅳ、处理Ⅰ；在碱土设置的 4 个不同的处理之中，同一时间，处理Ⅱ的根系干重达到了最大值，其他 3 个处理株高由大到小的顺序为：处理Ⅲ、处理Ⅳ、处理Ⅰ。不同碱化的土壤，强度碱化土不同处理的根系干重均大于同期碱土不同处的根系干重。

对于强度碱化土，脱硫副产物的施用量在不大于 $11.25t/hm^2$ 时，对于碱土，脱硫副产物的施用量在不大于 $22.5t/hm^2$ 时，向日葵根系干重随着脱硫副产物用量的逐渐增加而增大；当施用量超过这一范围时，过量施用的脱硫副产物会抑制碱化土壤的改良，使得向日葵生长受到了限制。对于强度碱化土，脱硫石膏的施用量为 $11.25t/hm^2$，碱土为 $22.5t/hm^2$ 时，向日葵的根系干重最大。

影响向日葵根系鲜重、干物质累积量的因素很多。本研究认为碱化土壤的改良效果是决定向日葵生长的重要因素，故而也是影响向日葵根系鲜重、干物质累积量的最重要的因素；无论是碱土还是强度碱化土，在施加脱硫副产物淋洗后，土壤都得到了改良，改良效果因脱硫副产物的施用量不同而异；强度碱化土处理Ⅲ、碱土处理Ⅱ的根系鲜重、干重从苗期到盛花期的不同生育阶段均达到了同类碱化土不同处理最大值，说明该处理改良后的土壤在同类碱化的 4 个处理中最适合向日葵生长，进一步说明该处理碱化土壤的改良效果最佳。强度碱化土更适宜向日葵生长，故而同一时期，强度碱化土各个处理之中，根系的鲜重、干重均要高于同时期碱土根系的相应值。

10.3.6　对向日葵产量的影响

不同处理的碱化土壤向日葵籽粒鲜重、干重与向日葵千粒重如图 10.17、图 10.18 所示。

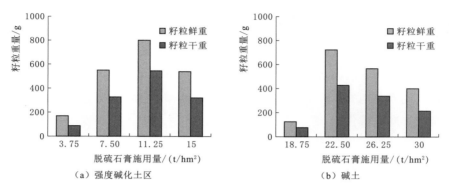

图 10.17　不同处理的碱化土壤单株向日葵籽粒鲜重、干重

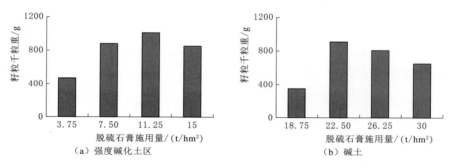

图 10.18　不同处理的碱化土壤向日葵籽粒千粒重

对于强度碱化土，脱硫副产物的施用量在不大于 $11.25t/hm^2$ 这一范围之内，其单株向日葵的籽粒重随着脱硫副产物用量的逐渐增加而增大，当脱硫副产物的施用量超过这一范围时，其值呈现出减小的趋势；强度碱化土处理Ⅲ单株向日葵的籽粒重与同类碱化土壤的其他处理相比，达到了最大值。对于碱土，脱硫副产物的施用量在不大于 $22.50t/hm^2$ 这一范围之内，单株向日葵的籽粒重随着脱硫副产物用量的逐渐增加而增大，当脱硫副产物的施用量超过这一范围时，其值呈现出减小的趋势；碱土处理Ⅲ单株向日葵的籽粒重与同类碱化土壤的其他处理相比，达到了最大值。

以上结果说明向日葵的产量和脱硫副产物用量并不是始终成正相关关系，这与乌力更等在内蒙古自治区土默川地区进行脱硫副产物改良碱化土壤的大田试验所得到的结果——施用脱硫副产物量与增产率不呈正相关关系一致。适量施加脱硫副产物会提高向日葵的产量，但是当作物产量达到峰值后，继续增加脱硫副产物用量会降低作物的产量，同时增加土壤的盐分。

在不同处理的碱化土壤中，对脱硫副产物用量与向日葵籽粒重以及脱硫副产物用量与向日葵籽粒千粒重关系分别进行拟合（图10.19、图10.20），拟合公式均为开口向下的二次抛物线，然后分别对其求导。

脱硫副产物用量与向日葵籽粒重拟合求导公式，强度碱化土为

$$y = -16.73x + 181.12 \qquad (10.3)$$

碱土为

$$y = -15.49x + 385.39 \qquad (10.4)$$

脱硫副产物用量与向日葵千粒重拟合求导公式，强度碱化土为

$$y = -19.46x + 214.89 \qquad (10.5)$$

碱土为

$$y = -24.94x + 628.68 \qquad (10.6)$$

求得强度碱化土与碱土的最佳作物产量与脱硫副产物用量分别为 10.8t/hm^2 和 24.9t/hm^2，强度碱化土与碱土的最佳千粒重与脱硫副产物的用量分别为 11.1t/hm^2 和 25.2t/hm^2。

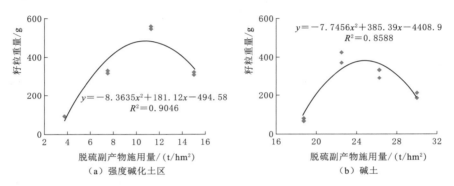

图 10.19　不同处理的碱化土壤向日葵籽粒重与脱硫副产物用量的关系

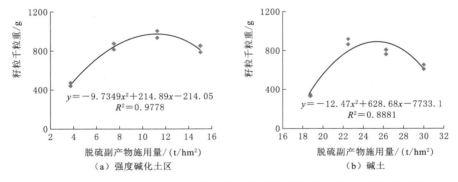

图 10.20　不同处理的碱化土壤向日葵籽粒千粒重与脱硫副产物用量的关系

碱化土壤的改良效果直接决定该碱化土壤中生长的向日葵的各项生理指标，两者之间的相关性非常明显。碱化土壤改良效果越明显，土壤的碱化程度越低，向日葵的长势越好，各项生理指标越高；碱化土壤改良效果不明显，土壤的碱化程度相对高，向日葵的长势相对差，各项生理指标就低，具体表现出如下规律：

（1）对于强度碱化土区，脱硫副产物的施用量在不大于 11.25t/hm^2 时，向日葵各项

生理指标（株高、径粗、叶面积、植株重、根系重、籽粒重）均随着脱硫副产物用量的逐渐增加而增大，当施用量超过这一临界值时，过量施用的脱硫副产物会抑制碱化土壤的改良，向日葵各项生理指标随着过量脱硫副产物的加入而呈现出降低的趋势。对于碱土，脱硫副产物的施用量在不大于 $22.5t/hm^2$ 时，向日葵各项生理指标与脱硫副产物用量成正相关，当施用量超过这一范围时，向日葵各项生理指标与过量脱硫副产物成负相关的结果。

（2）强度碱化土脱硫副产物施用量为 $11.25t/hm^2$ 这一处理的向日葵各项生理指标（株高、径粗、叶面积、植株重、根系重、籽粒重）在同类碱化土壤中最优；碱土脱硫副产物施用量为 $22.5t/hm^2$ 的向日葵各项生理指标在同类碱化土壤中最优。

（3）向日葵的产量和脱硫副产物用量并不是始终成正相关关系，适量施加脱硫副产物会提高向日葵的产量，但是当作物产量达到峰值后，继续增加脱硫副产物用量会降低作物的产量；随着脱硫副产物用量的增加，单株向日葵的籽粒重及千粒重先增加后减小，强度碱化土与碱土的作物产量达到最大时的脱硫副产物用量分别为 $10.8t/hm^2$ 和 $24.9t/hm^2$，千粒重达到最大时的脱硫副产物用量分别为 $11.1t/hm^2$ 和 $25.2t/hm^2$。

10.4　改良技术实施方法与效果

1. 实施方法

（1）脱硫副产物用量按照土壤碱化程度确定，河套地区土壤碱化土地碱化度在 30.1%～72.5%，亩施用量以 1.0～2.0t 为宜；脱硫副产物可在巴彦淖尔市临河区临河热电厂购买，售价 10 元/t。

（2）将脱硫副产物一次性施入，并配合秋翻或春耕将其与土壤均匀混合，翻耕深度应达到 20～30cm。

（3）施入脱硫副产物后应结合秋浇、春灌对土壤进行淋洗，淋洗水量 120～160m^3/亩为宜，一年 1～2 次。

2. 改良效果

（1）改良后，碱化土地首年种植葵花出苗率可超过 80%。

（2）改良后，碱化土地首年种植葵花亩产可超过 250 斤；次年葵花亩产可达到 300 斤以上并保证稳产。

（3）一次改良效果可持续 2～3 年，配合排水工程和淋洗压盐措施，改良效果可持续 4～5 年。

（4）改良后，碱化土 pH 可降低至 7.5～8.0，碱化度降低至分界值 30% 以下。

第 11 章

盐碱地改良及优化利用制度建设需求与展望

我国存在大量集中连片的盐碱地区。从土地管理的角度，对于盐碱土地的改良与优化利用是进一步提高土地利用效率、破解我国粮食安全、生态安全关键问题的重要手段。《中华人民共和国土地管理法》第三十六条规定，各级人民政府应当采取措施，引导因地制宜轮作休耕，改良土壤，提高地力，维护排灌工程设施，防止土地荒漠化、盐渍化、水土流失和土壤污染。2023 年 7 月，中央财经委员会第二次会议指出，盐碱地综合改造利用是耕地保护和改良的重要方面，我国盐碱地多，部分地区耕地盐碱化趋势加剧，开展盐碱地综合改造利用意义重大。要充分挖掘盐碱地综合利用潜力，加强现有盐碱耕地改造提升，有效遏制耕地盐碱化趋势，做好盐碱地特色农业大文章。要全面摸清盐碱地资源状况，研究编制盐碱地综合利用总体规划和专项实施方案，分区分类开展盐碱耕地治理改良，因地制宜利用盐碱地，向各类盐碱地资源要食物，"以种适地"同"以地适种"相结合，加快选育耐盐碱特色品种，大力推广盐碱地治理改良的有效做法，强化水源、资金等要素保障。当前研究主要集中在盐碱地改良的技术与科学问题上，对于推动盐碱地改良及优化利用所需要的制度支撑研究不多。本章就盐碱地改良及优化利用制度建设的需求与展望作若干分析。

11.1　盐碱地改良及优化利用的制度与政策情况

11.1.1　国家层面

自 20 世纪 50 年代起，我国大力推动探索盐碱地治理的技术手段，盐碱地治理技术不断取得突破。与此同时，盐碱地改良与优化利用的制度与政策也得到持续完善。

从立法情况看，涉及盐碱地改良的法律法规主要有 10 部。例如，现有法律中，《中华人民共和国青藏高原生态保护法》第二十四条规定，青藏高原县级以上地方人民政府及其有关部门应当统筹协调草原生态保护和畜牧业发展，结合当地实际情况，定期核定草原载畜量，落实草畜平衡，科学划定禁牧区，防止超载过牧。对严重退化、沙化、盐碱化、石漠化的草原和生态脆弱区的草原，实行禁牧、休牧制度；《中华人民共和国黄河保护法》第八十八条规定，国家鼓励、支持黄河流域建设高标准农田、现代畜牧业生产基地以及种质资源和制种基地，因地制宜开展盐碱地农业技术研究、开发和应用，支持地方品种申请地理标志产品保护，发展现代农业服务业；《中华人民共和国水法》第二十五条规定，地方各级人民政府应当加强对灌溉、排涝、水土保持工作的领导，促进农业生产发展；在容易发生盐碱化和渍害的地区，应当采取措施，控制和降低地下水的水位。现有行政法规中，《退耕还林条例》第十五条规定，沙化、盐碱化、石漠化严重的耕地应当纳入退耕还林规划，并根据生态建设需要和国家财力有计划地实施退耕还林。单就立法内容看，主要强调了土壤盐碱化治理与其他领域管理的关系，并未对盐碱化治理工作本身提出非常具体的要求。

从政策制定情况看，国务院先后颁布了《全国土地利用总体规划纲要（2006—2020年）》《全国国土规划纲要（2016—2030年）》《全国高标准农田建设总体规划（2021—2030年）》，提出在不破坏生态环境的前提下，优先开发盐碱地等未利用地和废弃地，积极推进盐碱地治理工作。《国务院关于印发"十三五"国家科技创新规划的通知》（国发〔2016〕43号）要求，发展高效安全生态的现代农业技术，围绕提高资源利用率、土地产出率、劳动生产率，加快转变农业发展方式，突破一批节水农业、循环农业、农业污染控制与修复、盐碱地改造、农林防灾减灾等关键技术，实现农业绿色发展。推动盐碱地等低产田改良增粮增效，加强盐碱地水盐运移机理与调控、土壤洗盐排盐、微咸水利用、抗盐碱农作物新品种选育及替代种植、水分调控等基础理论及改良重大关键技术研究，开发新型高效盐碱地改良剂、生物有机肥等新产品和新材料。开发盐碱地治理新装备，选择典型盐碱地及低产田区域建立示范基地，促进研发成果示范应用。《国务院关于印发"十四五"推进农业农村现代化规划的通知》（国发〔2021〕25号）要求，推进耕地保护与质量提升行动，加强南方酸化耕地降酸改良治理和北方盐碱耕地压盐改良治理。《国务院关于推动内蒙古高质量发展奋力书写中国式现代化新篇章的意见》（国发〔2023〕16号）提出，逐步扩大东北黑土地保护利用范围，加强黑土地侵蚀沟道治理，支持符合条件的地方开展盐碱地综合利用，加强现有盐碱耕地改造提升，推进河套等大中型灌区续建配套和现代化改造。2023年7月，中央财经委员会第二次会议研究了加强耕地保护和盐碱地综合改造利用等问题，并通过了《关于推动盐碱地综合利用的指导意见》，对盐碱地综合改造利用工作提出全方位的指导和要求。

按照中央有关决策部署，相关部门开展了盐碱地改良及优化利用配套政策制定工作。如2014年国家发展和改革委员会、科学技术部等10部门联合出台了《关于加强盐碱地治理的指导意见》（发改农经〔2014〕594号），明确采取进一步加大对盐碱地治理的支持力度、协同推进盐碱地治理、深入推进盐碱地治理科研工作等措施，扎实推进盐碱地治理。国家发展和改革委员会、科学技术部、工业和信息化部等《关于"十四五"大宗固体废弃物综合利用的指导意见》（发改环资〔2021〕381号）明确，持续提高煤矸石和粉煤灰综合利用水平，推进煤矸石和粉煤灰在工程建设、塌陷区治理、矿井充填以及盐碱地、沙漠化土地生态修复等领域的利用。财政部、农业农村部印发《耕地建设与利用资金管理办法》（财农〔2023〕12号），其中第七条规定耕地建设与利用资金可用于盐碱地综合利用试点支出，通过定额补助支持开展盐碱地综合利用试点工作。水利部、国家发展和改革委员会印发《关于加强非常规水源配置利用的指导意见》（水节约〔2023〕206号），要求西北及沿海地区等微咸水丰富的缺水地区，在不影响生态环境安全、不造成土壤盐碱化的前提下，稳妥发展咸淡混灌、咸淡轮灌等微咸水灌溉利用模式，因地制宜推广种植耐盐碱作物品种。综合来看，国家层面对于盐碱地改良及优化利用的政策是相对系统、全面的。

11.1.2　地方层面

从立法情况看，许多地方立法积极贯彻落实上位法律法规精神，将盐碱地改良及优化利用的一般原则、主要措施等纳入本地立法当中。特别是盐碱土面积较广、受盐碱化影响较大的省份，在立法中更注重健全完善盐碱地改良及优化利用相关制度。例如，《青海省乡村振兴促进条例》第十三条规定，各级人民政府应当严守耕地保护红线，严格耕地用途管制，落实耕地占补平衡和进出平衡，防止耕地非农化、非粮化，禁止闲置、荒芜耕地，应当支持符合转化耕地条件的盐碱地等后备资源综合开发利用。《内蒙古自治区建设国家重要农畜产品生产基地促进条例》第二十八条规定，旗县级以上人民政府应当开展盐碱地资源调查，合理编制盐碱地综合利用规划，加大盐碱地改造提升力度，加强适宜盐碱地作物品种开发推广，提高盐碱地综合利用效率。《内蒙古自治区耕地保养条例》第十七条规定，旗县级以上人民政府农牧行政主管部门应当制定本行政区域内耕地质量提升方案，报本级人民政府批准后组织实施，并指导耕地使用者采取工程、生物、农艺等措施对耕地进行保护和利用，重点加强耕地土壤风蚀沙化、盐碱化以及东北黑土区耕地退化的综合治理。《山东省黄河三角洲生态保护条例》第三十七条规定，黄河三角洲所在地县（市、区）人民政府应当加强荒滩荒地、重点风沙区、盐碱地以及主要河流、道路沿线等重要生态区域生态修复工作，组织实施国土绿化工程，科学开展林草植被保护和建设，提高植被覆盖率。《西藏自治区国家生态文明高地建设条例》第十七条规定，各级人民政府应当开展盐碱地、沙化土地、荒漠化土地和水土流失重点区域的综合防治，实施封山封沙育林育草、小流域综合治理、有害生物防治等工程，促进生态系统恢复。

从政策制定情况看，吉林、内蒙古、黑龙江等省（自治区）出台有关盐碱地政策相对较多，在具体制度措施上也相对较为丰富、全面。例如，吉林省人民政府办公厅出台《关于开展盐碱地等耕地后备资源综合利用的指导意见》（吉政办发〔2022〕33号），从深化资源调查评价、加强规划计划统筹、规范项目实施管理、加快骨干水利工程建设、加快总结推广盐碱地改良技术、搞好耐盐碱作物良种选育和种植技术推广、有效落实生态环境管控、拓宽资金筹措渠道、严格后期经营管护等方面，对盐碱地等耕地后备资源综合利用提出了明确措施与要求。陕西省发展和改革委员会会同陕西省科技厅等单位印发了《关于加强盐碱地治理工作的意见》（陕发改农经〔2014〕1578号），以实施田间排灌、田间道路、土地平整、农田防护和地力培肥五大工程为重点，持续推进盐碱地治理，使轻度盐碱地块在植被恢复的基础上，变成优质资源；中度盐碱地块恢复植被，80%变成可利用资源；重度盐碱地块植被基本恢复，30%变成可利用资源。综合来看，地方在政策制定过程中更加注重结合当地盐碱地改良及优化利用的实际需求，政策举措也更有针对性。

11.2　存 在 的 主 要 问 题

近年来，我国针对盐碱地改良开展了大量工作，在地方政府的共同努力下，盐碱地治理及其在农田应用均作出了巨大改进，但仍存在治理缺乏科学性、规划不合理、资金投入不足等问题。

（1）盐碱地改良治理资金投入不足。盐碱地的治理需要大量的资金投入，但受制于短期内难以见效、长期经济效益难以准确计算等原因，目前政府和社会对于盐碱地改良治理的资金支持并不充分。很多地方政府仍没有在财政预算中安排足够资金开展工作，导致治理项目推进困难。同时，由于缺乏市场环境和经济利益驱动，多数企业在参与盐碱地治理方面也缺乏积极性。上述原因综合限制了资金投入，影响了盐碱地治理的进展。

（2）盐碱地改良治理技术尚不够完善。盐碱地改良技术研究领域虽然取得了一些进展，但还未形成系统化、规模化、低成本、可推广普及的技术体系。部分盐碱地治理技术缺乏科学性和操作性，一些治理项目在实施前没有经过充分的研究论证，造成效果不佳或难以持久。同时，改良治理的具体实施者通常也缺乏足够的专业知识和必要的技术培训，在应对复杂的治理要求时缺乏足够支持。

（3）缺乏与耕作习惯的协同。农民普遍有重用轻养的耕作习惯，种地不养地，大量施用无机肥，很少或不施用有机肥，导致土壤有机质减少，土壤微生物活力受损，土壤结构变差，肥力降低，为盐碱化破坏土壤结构产生了推动作用。长期过量施用一种肥料不仅会导致土壤营养失调，中、微量元素匮乏，也会让土壤和作物产生肥害。另外，一些地方在作物生产过程中会使用劣质有机肥，造成重金属等有毒物质在农田土壤中不断积累，发生土壤板结，使得盐碱化产生的问题进一步加剧，甚至出现生物性状退化、防旱排涝能力变差等问题，严重影响耕地的可持续发展。

（4）缺乏规划协调。盐碱地治理需要从整体上进行规划和协调。由于盐碱地分布广泛并且治理难度大，需要跨部门、跨地区的合作。但目前农业农村、水利、林草等相关部门在盐碱地治理方面的合作机制仍不够完善，容易产生资源浪费和重复工作。盐碱地治理需要考虑农田水利、土壤改良、植被恢复等多个方面，但缺乏整体性的规划和协调，使得治理工作难以形成合力。

11.3　推动盐碱地改良及优化利用的重点举措

（1）强化盐碱地普查，并进行有针对性地改造和利用。加强盐碱地资源普查需要在西北、东北、华北、长江三角洲、黄河三角洲、环渤海地区、南方沿海等重点区域深入开展调查研究，全面摸清盐碱地基本情况。在此基础上，一方面需要遵循水盐运动的自然规律，提出见效较快、不易反弹、适应性广的遏制调控方案，生物修复培肥土壤。例如，通过增加盐碱土壤上层的有机质比重形成团粒结构层，减少下层盐碱上升和耕作层盐碱浓度，提升地力、缩短撂荒地复垦时间。另一方面需要研究制定盐碱地综合利用规划和实施方案，采取合理间作、套作或轮作等方式，因地制宜形成"沉睡"盐碱地的综合开发模式，端牢中国饭碗。例如，滨海地区要注重渔粮果结合、东北地区要偏重粮牧副结合、西北地区要侧重牧粮果结合等。同时，支持干旱和半干旱地区建设国家农业高新技术产业示范区，开展旱碱麦、大田油菜、耐盐大豆等农作物种植示范，充分挖掘盐碱地综合利用潜力，向各类盐碱地资源要食物。

（2）强化耐碱种源的培育、繁殖和推广。

1）加强种源培育基础性研究，一方面选育耐盐碱特色品种，充分发挥党和国家作为重大科技创新领导者、组织者权威作用，利用好社会主义市场经济条件下新型举国体制的制度优势。另一方面战略谋划自主研发品种、合作选育品种、联合开发品种的研究主攻方向，启动对耐盐碱相关的候选基因进行再认识和再研究的靶向性基础科学研究，统筹现代种业产业园、示范基地和双创中心的协同攻关，打造适宜盐碱地区种植的特色品种新高地。

2）加强特色品种繁殖生产。高效配置产学研优势力量，建立优势互补、利益共享、风险共担的生物技术协作平台，加强耐盐碱种质资源联合培育，形成跨领域、跨学科、跨地区的科技创新合力，构建科学研究与生产加工深度融合的种源繁育新格局。

3）加强适宜盐碱地作物新品种推广。一方面建立一批盐碱地作物新品种示范区，长期研究特色大田作物的肥料利用率和亩均效益，探索新型农业循环模式。另一方面要逐步建立覆盖全国主要盐碱地区的推广营销网络，完善网格化管理、精细化服务、信息化支撑的种子管理平台，不断扩大适宜作物播种面积。

（3）持续强化水源保障。深入贯彻落实"以我为主、立足国内、确保产能、适度进口、科技支撑"新形势下国家粮食安全战略，加快盐碱地水利基础设施建设和排水系统现代化改造，在国家水网工作基础之上，重点支持盐碱地专项水利工程，补齐农业灌排体系建设欠账，用好用足地表水、地下水和过境水等淡水资源。加强盐碱地水源管理，结合北方平原地区或局部低洼与滨海平原等地区的降水分布特点，发展高效节水旱作农业，采用水肥一体化、覆盖护土等农作措施，减少盐碱地的水分蒸发和盐分淋洗，提高水资源利用效率。

（4）着力增强资金与人才要素保障。在资金方面，健全盐碱地改造多元化投入机制，为盐碱地改良修复工作提供财政预算支持，加大农业农村财政资金、帮扶资金以及地方投入保障。同时，按市场化原则对符合条件的盐碱地项目积极探索政府与社会资本合作模式，鼓励地方政府对盐碱地改造治理给予信贷贴息倾斜和纳入地方债券支持范围，充分发挥 BOT（建设—经营—转让）、TOT（转让—运营—移交）、PPP（政府和社会资本合作）多层次资本市场支持作用，推动金融机构增加盐碱地改良与优化利用相关领域投放贷款。在人才方面，遴选科技企业、高等院校、农科院所的科技工作者组建科创联合体，深入盐碱地改良、开发利用、育种、生产一线，提供咨询和技术支持，打造专业合作社、科技合伙人、专家工作室等创新服务载体，延伸经济盐生植物深加工产业链条，助力盐碱地实现粮食增产、农民增收。

11.4　盐碱地改良及优化利用制度建设展望

为深入落实中央关于推动盐碱地综合利用的意见精神，应当尽快研究制定盐碱地治理专门法律或者行政法规，推动盐碱地改良及优化利用制度化、规范化。从该制度设计角度看，应重点明确以下内容：

（1）加强政府的统筹和协调。统筹和协调是形成工作合力的关键。立法要重点完善政府工作机制，明确国务院和省（自治区、直辖市）人民政府应当加强领导、组织、协调、监督管理，县级以上人民政府应当建立盐碱地治理协调机制。突出规划引领，县级以上人民政府应当以调查和监测为基础、体现集中连片治理、科学编制治理规划并落实到地块。此外，为摸清盐碱地底数和变化趋势，应明确盐碱地调查和常态化监测有关要求。

（2）加强盐碱地治理的科技支撑。科技手段是盐碱地改良和优化利用的重要支撑。立法应当重点加强盐碱地治理科技创新、科研成果推广应用和技术服务，明确采取工程、农艺、农机、生物等措施进行有效改良，配合开展农田基础设施建设、提升土壤质量、加强环境治理来实现优化利用目标。此外，为做到精准施策，盐碱地治理还应当科学分区，因地制宜采用具体措施。

（3）强化农业生产经营者的保护责任和调动积极性。应当鼓励农业生产经营者对盐碱地进行开发利用，要让参与者不吃亏、收入有提高。明确国家应当建立效果导向的奖补机制，鼓励支持采取盐碱地治理改良措施。

（4）加大盐碱地治理投入。长期稳定地资金投入是盐碱地改良和优化利用的重要保障。立法中应当明确国家建立健全盐碱地治理财政投入保障制度，加大奖补资金的倾斜力度，高标准农田建设等项目资金应当保障盐碱地治理需要。县级人民政府可以按照国家有关规定统筹整合相关涉农资金。建立健全盐碱地跨区域治理机制，鼓励社会资金投入盐碱地治理活动。

（5）加强考核和监督。压实盐碱地治理责任，形成监督合力。立法应明确盐碱地治理目标责任制和考核评价制度，将盐碱地治理情况纳入耕地保护责任目标；有关部门按照职责联合开展监督检查。引入社会监督，发挥好社会对盐碱地治理工作的监督作用。此外，还应就不落实盐碱地治理工作要求、采取不合理灌排等方式造成耕地盐碱化等行为的法律责任作出规定。

参 考 文 献

[1] Qadir M，Ghafoor A，Murtaza G. Amelioration strategies for saline soils：A review [J]. Land Degradation and Development，2000，11 (6)：501 – 521.

[2] 俞仁培，杨道平，石万普，等. 土壤碱化及其防治 [M]. 北京：农业出版社，1984.

[3] 赵其国. 提升对土壤认识，创新现代土壤学 [J]. 土壤学报，2008，45 (5)：771 – 777.

[4] Qadir M，Schubert S. Degradation processes and nutrient constraints in sodic soils [J]. Land Degradation and Development，2002，13 (4)：275 – 294.

[5] Oster J D，Frenkel H. Chemistry of the reclamation of sodic soils with gypsum and lime [J]. Soil Science Society of America Journal，1980，44 (1)：41 – 45.

[6] Ilyas M，Qureshi R H，Qadir M A. Chemical changes in a saline – sodic soil after gypsum application and cropping [J]. Soil Technology，1997，10 (3)：247 – 260.

[7] Clark R B，Ritchey K D，Baligar V C. Benefits and constraints for use of FGD products on agricultural land [J]. Fuel，2001，80 (6)：821 – 828.

[8] Sakai Y，Matsumoto S，Sadakata M. Alkali soil reclamation with flue gas desulfurization gypsum in China and assessment of metal content in corn grains [J]. Soil and Sediment Contamination，2004，13 (1)：65 – 80.

[9] 周虎，吕贻忠，李保国. 土壤结构定量化研究进展 [J]. 土壤学报，2009，46 (3)：501 – 506.

[10] Bronick C J，Lal R. Soil structure and management：a review [J]. Geoderma，2005，124 (1 – 2)：3 – 22.

[11] 李述刚，王周琼. 荒漠碱土 [M]. 乌鲁木齐：新疆人民出版社，1988.

[12] Suarez D L，Rhoades J D，Lavado R，et al. Effect of ph on saturated hydraulic conductivity and soil dispersion [J]. Soil Science Society of America Journal，1984，48 (1)：50 – 55.

[13] Rengasamy P，Olsson K A. Sodicity and soil structure [J]. Australian Journal of Soil Research，1991，29 (6)：935 – 952.

[14] Qadir M，Schubert S，Ghafoor A，et al. Amelioration strategies for sodic soils：A review [J]. Land Degradation & Development，2001，12 (4)：357 – 386.

[15] Sadiq M，Hassan G，Mehdi S M，et al. Amelioration of saline – sodic soils with tillage implements and sulfuric acid application [J]. Pedosphere，2007，17 (2)：182 – 190.

[16] Keren R，Shainberg I. Effect of dissolution rate on the efficiency of industrial and mined gypsum in improving infiltration of a sodic soil [J]. Soil Science Society of America Journal，1981，45 (1)：103 – 107.

[17] Frenkel H，Gerstl Z，Alperovitch N. Exchange – induced dissolution of gypsum and the reclamation of sodic soils [J]. Journal of Soil Science，1989，40 (3)：599 – 611.

[18] Gupta S C，Larson W E. Estimating soil – water retention characteristics from particle – size distribution，organic – matter percent，and bulk – density [J]. Water Resources Research，1979，15 (6)：1633 – 1635.

[19] 陈恩凤，王汝镛，王春裕. 我国盐碱土改良研究的进展与展望 [J]. 土壤通报，1979，1：1 – 4.

[20] Baligar V C，Clark R B，Korcak R F，et al. Flue gas desulfurization product use on agricultural land [J]. Advances in Agronomy，2011，111：51 – 86.

[21] 董芸雷. 河套灌区盐碱地测土施用脱硫石膏技术的研究，[D]. 呼和浩特：内蒙古农业大学，2014.

［22］ Chun S，Nishiyama M，Matsumoto S. Sodic soils reclaimed with by－product from flue gas desul-furization：corn production and soil quality ［J］. Environmental Pollution，2001，114（3）：453－459.

［23］ 陈欢，王淑娟，陈昌和，等. 烟气脱硫副产物在碱化土壤改良中的应用及效果 ［J］. 干旱地区农业研究，2005，23（4）：38－42.

［24］ 王金满，杨培岭，张建国，等. 脱硫石膏改良碱化土壤过程中的向日葵苗期盐响应研究 ［J］. 农业工程学报，2005，21（9）：33－37.

［25］ 吕二福良，乌力更. 石膏不同施用方法改良碱化土壤效果浅析 ［J］. 内蒙古农业大学学报（自然科学版），2003（4）：130－133.

［26］ 赵锦慧，乌力更，李杨，等. 石膏改良碱化土壤过程中最佳灌水量的确定——选定20cm为计划改良层 ［J］. 水土保持学报，2003（5）：106－109.

［27］ 肖国举，罗成科，张峰举，等. 脱硫石膏施用时期和深度对改良碱化土壤效果的影响 ［J］. 干旱地区农业研究 ［J］，2009，27（6）：197－203.

［28］ 肖国举，秦萍，罗成科，等. 犁翻与旋耕施用脱硫石膏对改良碱化土壤的效果研究 ［J］. 生态环境学报，2010，19（2）：433－437.

［29］ 其力格尔，李跃进，崔智勇，等. 脱硫石膏改良碱土5年后稳定性跟踪研究 ［J］. 内蒙古农业科技，2012（3）：73－76.

［30］ 邹璐. 盐碱地施用脱硫石膏对土壤理化性质和油葵生长的影响. ［D］. 北京：北京林业大学，2012.

［31］ Dexter A R. Advances in characterization of soil structure ［J］. Soil and Tillage Research，1988，11（3－4）：199－238.

［32］ Tisdall J M，Oades J M. Organic－matter and water－stable aggregates in soils ［J］. Journal of Soil Science，1982，33（2）：141－163.

［33］ 卢金伟，李占斌. 土壤团聚体研究进展 ［J］. 水土保持研究，2002（1）：81－85.

［34］ Yoder R E. A direct method of aggregate analysis of soils and a study of the physical nature of ero-sion losses ［J］. Journal of America Society of Agronomy，1936，28（5）：337－351.

［35］ Emerson W W. Stability of soil crumbs ［J］. Nature，1959，183（4660）：538－538.

［36］ Le Bissonnais Y. Aggregate stability and assessment of soil crustability and erodibility. 1. Theory and methodology ［J］. European Journal of Soil Science，1996，47（4）：425－437.

［37］ Peth S，Horn R，Beckmann F，et al. Three－dimensional quantification of intra－aggregate pore－space features using synchrotron－radiation－based microtomography ［J］. Soil Science Society of A-merica Journal，2008，72（4）：897－907.

［38］ Kravchenko A N，Wang A N W，Smucker A J M，et al. Long－term Differences in Tillage and Land Use Affect Intra－aggregate Pore Heterogeneity ［J］. Soil Science Society of America Journal，2011，75（5）：1658－1666.

［39］ 李霄云，王益权，孙慧敏，等. 有机污染型灌溉水对土壤团聚体的影响 ［J］. 土壤学报，2011，48（6）：1125－1132.

［40］ Hou X，Li R，Jia Z，et al. Effects of rotational tillage practices on soil properties，winter wheat yields and water－use efficiency in semi－arid areas of north－west China ［J］. Field Crops Re-search，2012，129：7－13.

［41］ van Bavel C H M. Mean weight－diameter of soil aggregates as a statistical index of aggregation ［J］. Soil Science Society of America Proceedings，1950，14：20－23.

［42］ Gardner W R. Representation of Soil Aggregate－Size Distribution by a Logarithmic－Normal Distri-bution1，2 ［J］. Soil Science Society of America Journal，1956，20（2）：151－153.

［43］ Mandelbrot. B. How long is coast of britain - statistical self - similarity and fractional dimension ［J］. Science，1967，156（3775）：636 - 638.

［44］ Amezketa E. Soil aggregate stability：A review ［J］. Journal of Sustainable Agriculture，1999，14（2 - 3）：83 - 151.

［45］ Six J，Elliott E T，Paustian K. Aggregate and soil organic matter dynamics under conventional and no - tillage systems ［J］. Soil Science Society of America Journal，1999，63（5）：1350 - 1358.

［46］ Armstrong A S B，Tanton T W. Gypsum applications to aggregated saline sodic clay topsoils ［J］. Journal of Soil Science，1992，43（2）：249 - 260.

［47］ Chan K Y，Heenan D P. Lime - induced loss of soil organic carbon and effect on aggregate stability ［J］. Soil Science Society of America Journal，1999，63（6）：1841 - 1844.

［48］ Nayak A K，Sharma D K，Mishra V K，et al. Reclamation of saline - sodic soil under a rice - wheat system by horizontal surface flushing ［J］. Soil Use and Management，2008，24（4）：337 - 343.

［49］ Emami H，Astaraei A R，Fotovat A，et al. Effect of soil conditioners on cation ratio of soil structural stability，structural stability indicators in a sodic soil，and on dry weight of maize ［J］. Arid Land Research and Management，2014，28（3）：325 - 339.

［50］ Bennett J M，Greene R S B，Murphy B W，et al. Influence of lime and gypsum on long - term rehabilitation of a Red Sodosol，in a semi - arid environment of New South Wales ［J］. Soil Research，2014，52（2）：120 - 128.

［51］ Chi C M，Zhao C W，Sun X J，et al. Reclamation of saline - sodic soil properties and improvement of rice（Oriza sativa L.）growth and yield using desulfurized gypsum in the west of Songnen Plain，northeast China ［J］. Geoderma，2012，187：24 - 30.

［52］ Arya L M，Paris J F. A physicoempirical model to predict the soil - moisture characteristic from particle - size distribution and bulk - density data ［J］. Soil Science Society of America Journal，1981，45（6）：1023 - 1030.

［53］ Liu J，Xu S. Applicability of fractal models in estimating soil water retention characteristics from particle - size distribution data ［J］. Pedosphere，2002，12（4）：301 - 308.

［54］ Eshel G，Levy G J，Mingelgrin U，et al. Critical evaluation of the use of laser diffraction for particle - size distribution analysis ［J］. Soil Science Society of America Journal，2004，68（3）：736 - 743.

［55］ Tyler S W，Wheatcraft S W. Fractal scaling of soil particle - size distributions - analysis and limitations ［J］. Soil Science Society of America Journal，1992，56（2）：362 - 369.

［56］ Perfect E，Kay B D. Applications of fractals in soil and tillage research：A review ［J］. Soil and Tillage Research，1995，36（1 - 2）：1 - 20.

［57］ Burrough P A. Multiscale sources of spatial variation in soil . 1. the application of fractal concepts to nested levels of soil variation ［J］. Journal of Soil Science，1983，34（3）：577 - 597.

［58］ Turcotte D L. Fractals and fragmentation ［J］. Journal of Geophysical Research - Solid Earth and Planets，1986，91（B2）：1921 - 1926.

［59］ 杨培岭，罗远培，石元春. 用粒径的重量分布表征的土壤分形特征 ［J］. 科学通报，1993，38（20）：1896 - 1899.

［60］ 王国梁，周生路，赵其国. 土壤颗粒的体积分形维数及其在土地利用中的应用 ［J］. 土壤学报，2005，42（4）：545 - 550.

［61］ 王德，傅伯杰，陈利顶，等. 不同土地利用类型下土壤粒径分形分析——以黄土丘陵沟壑区为例 ［J］. 生态学报，2007，27（7）：3081 - 3089.

［62］ 党亚爱，李世清，王国栋，等. 黄土高原典型土壤剖面土壤颗粒组成分形特征［J］. 农业工程学报，2009，25（9）：74 - 78.

［63］ Liu X，Zhang G，Heathman G C，et al. Fractal features of soil particle - size distribution as affected by plant communities in the forested region of Mountain Yimeng，China［J］. Geoderma，2009，154（1 - 2）：123 - 130.

［64］ 伏耀龙，张兴昌，王金贵. 岷江上游干旱河谷土壤粒径分布分形维数特征［J］. 农业工程学报，2012，28（5）：120 - 125.

［65］ Fooladmand H R，Sepaskhah A R. Improved estimation of the soil particle - size distribution from textural data［J］. Biosystems Engineering，2006，94（1）：133 - 138.

［66］ Pirmoradian N，Sepaskhah A R，Hajabbasi M A. Application of fractal theory to quantify soil aggregate stability as influenced by tillage treatments［J］. Biosystems Engineering，2005，90（2）：227 - 234.

［67］ Grout H，Tarquis A M，Wiesner M R. Multifractal analysis of particle size distributions in soil ［J］. Environmental Science and Technology，1998，32（9）：1176 - 1182.

［68］ Posadas A N D，Gimenez D，Bittelli M，et al. Multifractal characterization of soil particle - size distributions［J］. Soil Science Society of America Journal，2001，65（5）：1361 - 1367.

［69］ Montero E. Renyi dimensions analysis of soil particle - size distributions［J］. Ecological Modelling，2005，182（3 - 4）：305 - 315.

［70］ 李德成，张桃林. 中国土壤颗粒组成的分形特征研究［J］. 土壤与环境，2000（4）：263 - 265.

［71］ 张世熔，邓良基，周倩，等. 耕层土壤颗粒表面的分形维数及其与主要土壤特性的关系［J］. 土壤学报，2002，39（2）：221 - 226.

［72］ 程先富，史学正，王洪杰. 红壤丘陵区耕层土壤颗粒的分形特征［J］. 地理科学，2003，23（5）：617 - 621.

［73］ 胡云锋，刘纪远，庄大方，等. 不同土地利用/土地覆盖下土壤粒径分布的分维特征［J］. 土壤学报，2005，42（2）：336 - 339.

［74］ Wang D，Fu B J，Zhao W W，et al. Multifractal characteristics of soil particle size distribution under different land - use types on the Loess Plateau，China［J］. Catena，2008，72（1）：29 - 36.

［75］ 孙梅，孙楠，黄运湘，等. 长期不同施肥红壤粒径分布的多重分形特征［J］. 中国农业科学，2014，47（11）：2173 - 2181.

［76］ Miranda J G V，Montero E，Alves M C，et al. Multifractal characterization of saprolite particle - size distributions after topsoil removal［J］. Geoderma，2006，134（3 - 4）：373 - 385.

［77］ Letey J. The study of soil structure - science or art［J］. Australian Journal of Soil Research，1991，29（6）：699 - 707.

［78］ Pagliai M，Vignozzi N，Pellegrini S. Soil structure and the effect of management practices［J］. Soil and Tillage Research，2004，79（2）：131 - 143.

［79］ Baveye P. Comment on " Soil structure and management：A review" by C. J. Bronick and R. Lal ［J］. Geoderma，2006，134（1 - 2）：231 - 232.

［80］ Germann P F，Edwards W M，Owens L B. Profiles of bromide and increased soil - moisture after infiltration into soils with macropores［J］. Soil Science Society of America Journal，1984，48（2）：237 - 244.

［81］ Luxmoore R J. Microporosity，mesoporosity，and macroporosity of soil［J］. Soil Science Society of America Journal，1981，45（3）：671 - 672.

［82］ Beven K，Germann P. Macropores and water - flow in soils［J］. Water Resources Research，1982，18（5）：1311 - 1325.

［83］ Kay B D. Rates of change of soil structure under different cropping systems ［C］ //Stewart B A. Advances in Soil Science 12. New York：Springer，1990.

［84］ 程亚南，刘建立，张佳宝. 土壤孔隙结构定量化研究进展 ［J］. 土壤通报，2012 （4）：988 - 994.

［85］ Watson K W，Luxmoore R J. Estimating macroporosity in a forest watershed by use of a tension infiltrometer ［J］. Soil Science Society of America Journal，1986，50 （3）：578 - 582.

［86］ Radulovich R，Solorzano E，Sollins P. Soil macropore size distribution from water breakthrough curves ［J］. Soil Science Society of America Journal，1989，53 （2）：556 - 559.

［87］ 中国科学院南京土壤研究所土壤微型态实验室. 用不饱和聚酯树脂制备土壤薄片的方法 ［J］. 土壤，1976 （1）：329 - 333，336.

［88］ Mantle M D，Sederman A J，Gladden L F. Single - and two - phase flow in fixed - bed reactors：MRI flow visualisation and lattice - Boltzmann simulations ［J］. Chemical Engineering Science，2001，56 （2）：523 - 529.

［89］ Filimonova S V，Knicker H，Kogel - Knabner I. Soil micro - and mesopores studied by N - 2 adsorption and Xe - 129 NMR of adsorbed xenon ［J］. Geoderma，2006，130 （3 - 4）：218 - 228.

［90］ Zong Y T，Yu X L，Zhu M X，et al. Characterizing soil pore structure using nitrogen adsorption，mercury intrusion porosimetry，and synchrotron - radiation - based X - ray computed microtomography techniques ［J］. Journal of Soils and Sediments，2015，15 （2）：302 - 312.

［91］ Adler P M，Jacquin C G，Thovert J F. The formation factor of reconstructed porous - media ［J］. Water Resources Research，1992，28 （6）：1571 - 1576.

［92］ Yang A，Miller C T，Turcoliver L D. Simulation of correlated and uncorrelated packing of random size spheres ［J］. Physical Review E，1996，53 （2）：1516 - 1524.

［93］ Liang Z，Ioannidis M A，Chatzis I. Permeability and electrical conductivity of porous media from 3D stochastic replicas of the microstructure ［J］. Chemical Engineering Science，2000，55 （22）：5247 - 5262.

［94］ Taina I A，Heck R J，Elliot T R. Application of X - ray computed tomography to soil science：A literature review ［J］. Canadian Journal of Soil Science，2008，88 （1）：1 - 20.

［95］ Petrovic A M，Siebert J E，Rieke P E. Soil bulk density analysis in three dimensions by computed tomographic scanning ［J］. Soil Science Society of America Journal，1982，46 （3）：445 - 450.

［96］ Hainsworth J M，Aylmore L A G. The use of computer - assisted tomography to determine spatial - distribution of soil - water content ［J］. Australian Journal of Soil Research，1983，21 （4）：435 - 443.

［97］ 周虎，李文昭，张中彬，等. 利用 X 射线 CT 研究多尺度土壤结构 ［J］. 土壤学报，2013，50 （6）：1226 - 1230.

［98］ 杨永辉，武继承，毛永萍，等. 利用计算机断层扫描技术研究土壤改良措施下土壤孔隙 ［J］. 农业工程学报，2013，29 （23）：99 - 108.

［99］ Baveye P C，Laba M，Otten W，et al. Observer - dependent variability of the thresholding step in the quantitative analysis of soil images and X - ray microtomography data ［J］. Geoderma，2010，157 （1 - 2）：51 - 63.

［100］ Warner G S，Nieber J L，Moore I D，et al. Characterizing macropores in soil by computed - tomography ［J］. Soil Science Society of America Journal，1989，53 （3）：653 - 660.

［101］ Peyton R L，Haeffner B A，Anderson S H，et al. Applying x - ray ct to measure macropore diameters in undisturbed soil cores ［J］. Geoderma，1992，53 （3 - 4）：329 - 340.

［102］ 冯杰，郝振纯. CT 扫描确定土壤大孔隙分布 ［J］. 水科学进展，2002，13 （5）：611 - 617.

［103］ 李德成，Velde B，张桃林. 利用土壤切片的数字图像定量评价土壤孔隙变异度和复杂度 ［J］. 土壤学报，2003，40 （5）：678 - 682.

[104] Peyton R L，Gantzer C J，Anderson S H，et al. Fractal dimension to describe soil macropore structure using x – ray computed – tomography [J]. Water Resources Research，1994，30（3）：691 – 700.

[105] Anderson A N，McBratney A B，Fitz Patrick E A. Soil mass，surface，and spectral fractal dimensions estimated from thin section photographs [J]. Soil Science Society of America Journal，1996，60（4）：962 – 969.

[106] 李德成，Velde B，Delerue J F，等. 土壤孔隙质量分数维 D＿m 二元图像分析及其影响因素研究 [J]. 土壤通报，2002，（4）：256 – 259.

[107] 冯杰，郝振纯. 分形理论在描述土壤大孔隙结构中的应用研究 [J]. 地球科学进展，2004，（S1）：270 – 274.

[108] 赵世伟，赵勇钢，吴金水. 黄土高原植被演替下土壤孔隙的定量分析 [J]. 中国科学：地球科学，2010，（2）：223 – 231.

[109] Udawatta R P，Anderson S H. CT – measured pore characteristics of surface and subsurface soils influenced by agroforestry and grass buffers [J]. Geoderma，2008，145（3 – 4）：381 – 389.

[110] Asare S N，Rudra R P，Dickinson W T，et al. Soil macroporosity distribution and trends in a no – till plot using a volume computer tomography scanner [J]. Journal of Agricultural Engineering Research，2001，78（4）：437 – 447.

[111] Kim H，Anderson S H，Motavalli P P，et al. Compaction effects on soil macropore geometry and related parameters for an arable field [J]. Geoderma，2010，160（2）：244 – 251.

[112] 王恩姮，赵雨森，陈祥伟. 季节性冻融对典型黑土区土壤团聚体特征的影响 [J]. 应用生态学报，2010，21（4）：889 – 894.

[113] Lin H S，McInnes K J，Wilding L P，et al. Effects of soil morphology on hydraulic properties：Ⅱ. Hydraulic pedotransfer functions [J]. Soil Science Society of America Journal，1999，63（4）：955 – 961.

[114] Merdun H，Cinar O，Meral R，et al. Comparison of artificial neural network and regression pedotransfer functions for prediction of soil water retention and saturated hydraulic conductivity [J]. Soil and Tillage Research，2006，90（1 – 2）：108 – 116.

[115] Kumar S，Anderson S H，Udawatta R P. Agroforestry and Grass Buffer Influences on Macropores Measured by Computed Tomography under Grazed Pasture Systems [J]. Soil Science Society of America Journal，2010，74（1）：203 – 212.

[116] Helliwell J R，Sturrock C J，Grayling K M，et al. Applications of X – ray computed tomography for examining biophysical interactions and structural development in soil systems：a review [J]. European Journal of Soil Science，2013，64（3）：279 – 297.

[117] Hall D G M. An amended functional leaching model applicable to structured soils . 1. model description [J]. Journal of Soil Science，1993，44（4）：579 – 588.

[118] Wise W R. A New insight on pore structure and permeability [J]. Water Resources Research，1992，28（1）：189 – 198.

[119] Bertuzzi P，Garciasanchez L，Chadoeuf J，et al. Modeling surface – roughness by a boolean approach [J]. European Journal of Soil Science，1995，46（2）：215 – 220.

[120] Toledo P G，Novy R A，Davis H T，et al. Hydraulic conductivity of porous – media at low water – content [J]. Soil Science Society of America Journal，1990，54（3）：673 – 679.

[121] Fatt I. The network model of porous media . 1. capillary pressure characteristics [J]. Transactions of the American Institute of Mining and Metallurgical Engineers，1956，207（7）：144 – 159.

[122] Vogel H J. A numerical experiment on pore size, pore connectivity, water retention, permeability,

and solute transport using network models [J]. European Journal of Soil Science, 2000, 51 (1): 99 - 105.

[123] 吕菲, 刘建立, 何娟. 利用 CT 数字图像和网络模型预测近饱和土壤水力学性质 [J]. 农业工程学报, 2008, 24 (5): 10 - 14.

[124] Hu Y B, Feng J, Yang T, et al. A new method to characterize the spatial structure of soil macropore networks in effects of cultivation using computed tomography [J]. Hydrological Processes, 2014, 28 (9): 3419 - 3431.

[125] Pierret A, Capowiez Y, Belzunces L, et al. 3D reconstruction and quantification of macropores using X - ray computed tomography and image analysis [J]. Geoderma, 2002, 106 (3 - 4): 247 - 271.

[126] Vogel H J, Weller U, Schlueter S. Quantification of soil structure based on Minkowski functions [J]. Computers and Geosciences, 2010, 36 (10): 1236 - 1245.

[127] Perret J, Prasher S O, Kantzas A, et al. Three - dimensional quantification of macropore networks in undisturbed soil cores [J]. Soil Science Society of America Journal, 1999, 63 (6): 1530 - 1543.

[128] Al - Raoush R I, Willson C S. Extraction of physically realistic pore network properties from three - dimensional synchrotron X - ray microtomography images of unconsolidated porous media systems [J]. Journal of Hydrology, 2005, 300 (1 - 4): 44 - 64.

[129] Luo L F, Lin H, Li S C. Quantification of 3 - D soil macropore networks in different soil types and land uses using computed tomography [J]. Journal of Hydrology, 2010, 393 (1 - 2): 53 - 64.

[130] Deurer M, Grinev D, Young I, et al. The impact of soil carbon management on soil macropore structure: a comparison of two apple orchard systems in New Zealand [J]. European Journal of Soil Science, 2009, 60 (6): 945 - 955.

[131] Dal Ferro N, Charrier P, Morari F. Dual - scale micro - CT assessment of soil structure in a long - term fertilization experiment [J]. Geoderma, 2013, 204: 84 - 93.

[132] Papadopoulos A, Bird N R A, Whitmore A P, et al. Investigating the effects of organic and conventional management on soil aggregate stability using X - ray computed tomography [J]. European Journal of Soil Science, 2009, 60 (3): 360 - 368.

[133] Schjonning P, Lamande M, Berisso F E, et al. Gas Diffusion, Non - Darcy Air Permeability, and Computed Tomography Images of a Clay Subsoil Affected by Compaction [J]. Soil Science Society of America Journal, 2013, 77 (6): 1977 - 1990.

[134] Naveed M, Moldrup P, Vogel H - J, et al. Impact of long - term fertilization practice on soil structure evolution [J]. Geoderma, 2014, 217: 181 - 189.

[135] Luo L F, Lin H, Schmidt. Quantitative relationships between soil macropore characteristics and preferential flow and transport [J]. Soil Science Society of America Journal, 2010, 74 (6): 1929 - 1937.

[136] 侯玉明, 王刚, 王二英, 等. 河套灌区盐碱土成因、类型及有效的治理改良措施 [J]. 现代农业, 2011, (1): 92 - 93.

[137] Wang J M, Yang P L. The effect on physical and chemical properties of saline and sodic soils reclaimed with byproduct from flue gas desulfurization [C] //Huang G H, Pereria S L. Land and water management tools and practices. Beijing: China Agriculture Press, 2004.

[138] 鲁如坤. 土壤农业化学分析方法 [M]. 北京: 中国农业科技出版社, 2000.

[139] 周虎, 吕贻忠, 杨志臣, 等. 保护性耕作对华北平原土壤团聚体特征的影响 [J]. 中国农业科学, 2007, 40 (9): 1973 - 1979.

[140] Li Y, Li M, Horton R. Single and joint multifractal analysis of soil particle size distributions [J].

Pedosphere，2011，21（1）：75－83.

[141] Marcelino V，Cnudde V，Vansteelandt S，et al. An evaluation of 2D－image analysis techniques for measuring soil microporosity [J]. European Journal of Soil Science，2007，58（1）：133－140.

[142] Iassonov P，Gebrenegus T，Tuller M. Segmentation of X－ray computed tomography images of porous materials：A crucial step for characterization and quantitative analysis of pore structures [J]. Water Resources Research，2009，45：1－12.

[143] Zhou H，Li B G，Lu Y H. Micromorphological analysis of soil structure under no tillage management in the black soil zone of Northeast China [J]. Journal of Mountain Science，2009，6（2）：173－180.

[144] Tuller M，Or D，Dudley L M. Adsorption and capillary condensation in porous media：Liquid retention and interfacial configurations in angular pores [J]. Water Resources Research，1999，35（7）：1949－1964.

[145] Perrier E，Tarquis A M，Dathe A. A program for fractal and multifractal analysis of two－dimensional binary images：Computer algorithms versus mathematical theory [J]. Geoderma，2006，134（3－4）：284－294.

[146] Jassogne L，McNeill A，Chittleborough D. 3D－visualization and analysis of macro－and meso－porosity of the upper horizons of a sodic，texture－contrast soil [J]. European Journal of Soil Science，2007，58（3）：589－598.

[147] Lebron I，Suarez D L，Yoshida T. Gypsum effect on the aggregate size and geometry of three sodic soils under reclamation [J]. Soil Science Society of America Journal，2002，66（1）：92－98.

[148] 李焕珍，徐玉佩，杨伟奇，等. 脱硫石膏改良强度苏打盐渍土效果的研究 [J]. 生态学杂志，1999，（1）：26－30.

[149] 岳自慧，许兴，毛桂莲. 燃煤脱硫副产物中的钙对提高作物抗盐碱胁迫的可能机理及进展 [J]. 农业科学研究，2009，30（2）：48－52.

[150] 罗成科，肖国举，张峰举，等. 脱硫石膏改良中度苏打盐渍土施用量的研究 [J]. 生态与农村环境学报，2009，25（3）：44－48.

[151] Buckley M E，Wolkowski R P. in－season effect of flue gas desulfurization gypsum on soil physical properties [J]. Journal of environmental quality，2014，43（1）：322－327.

[152] 石懿. 脱硫副产物作为碱（化）土壤改良剂的田间试验研究 [D]. 北京：中国农业大学，2005.

[153] 肖国举，罗成科，张峰举，等. 燃煤电厂脱硫石膏改良碱化土壤的施用量 [J]. 环境科学研究，2010，23（6）：762－767.

[154] 王彬，肖国举，毛桂莲，等. 燃煤烟气脱硫副产物对盐碱土的改良效应及对向日葵生长的影响 [J]. 植物生态学报，2010，34（10）：1227－1235.

[155] 王金满，杨培岭，任树梅，等. 烟气脱硫副产物改良碱性土壤过程中化学指标变化规律的研究 [J]. 土壤学报，2005，42（1）：98－105.

[156] Zia M H，Ghafoor A，Saifullah，et al. Comparison of sulfurous acid generator and alternate amendments to improve the quality of saline－sodic water for sustainable rice yields [J]. Paddy and Water Environment，2006，4（3）：153－162.

[157] Rasouli F，Pouya A K，Karimian N. Wheat yield and physico－chemical properties of a sodic soil from semi－arid area of Iran as affected by applied gypsum [J]. Geoderma，2013，193：246－255.

[158] 张峰举，许兴，肖国举. 脱硫石膏对碱化土壤团聚体特征的影响. 干旱地区农业研究，2013，21（6）：108－114.

[159] Southard R J，Shainberg I，Singer M J. Influence of electrolyte concentration on the micromorphology of artificial depositional crust [J]. Soil Science，1988，145（4）：278－288.

[160] Valzano F P, Greene R S B, Murphy B W, et al. Effects of gypsum and stubble retention on the chemical and physical properties of a sodic grey Vertosol in western Victoria [J]. Australian Journal of Soil Research, 2001, 39 (6): 1333 – 1347.

[161] Oades J M, Waters A G. Aggregate hierarchy in soils [J]. Australian Journal of Soil Research, 1991, 29 (6): 815 – 828.

[162] 吴承祯, 洪伟. 不同经营模式土壤团粒结构的分形特征研究 [J]. 土壤学报, 1999, 36 (2): 162 – 167.

[163] Kaewmano C, Kheoruenromne I, Suddhiprakarn A, et al. Aggregate stability of salt – affected kaolinitic soils on the North – east Plateau, Thailand [J]. Australian Journal of Soil Research, 2009, 47 (7): 697 – 706.

[164] Castrignano A, Stelluti M. Fractal geometry and geostatistics for describing the field variability of soil aggregation [J]. Journal of Agricultural Engineering Research, 1999, 73 (1): 13 – 18.

[165] Lebron I, Suarez D L, Schaap M G. Soil pore size and geometry as a result of aggregate – size distribution and chemical composition [J]. Soil Science, 2002, 167 (3): 165 – 172.

[166] 梁向峰, 赵世伟, 张扬, 等. 子午岭植被恢复对土壤饱和导水率的影响 [J]. 生态学报, 2009, 25 (2): 636 – 642.

[167] 彭舜磊, 由文辉, 沈会涛. 植被群落演替对土壤饱和导水率的影响 [J]. 农业工程学报, 2010, 26 (11): 78 – 84.

[168] Paz – Ferreiro J, Vidal Vazquez E, Miranda J G V. Assessing soil particle – size distribution on experimental plots with similar texture under different management systems using multifractal parameters [J]. Geoderma, 2010, 160 (1): 47 – 56.

[169] Rhoton F E, McChesney D S. Erodibility of a sodic soil amended with flue gas desulfurization gypsum [J]. Soil Science, 2011, 176 (4): 190 – 195.

[170] Zhao P, Shao M – A, Wang T J. Multifractal analysais of particle – size distributions of alluvial soils in the dam farmland on the Loess Plateau of China [J]. African Journal of Agricultural Research, 2011, 6 (18): 4177 – 4184.

[171] 杜丽娜, 邵明安, 魏孝荣, 等. 砂质多孔介质中土壤颗粒的迁移 [J]. 土壤学报, 2014, 51 (1): 49 – 57.

[172] Michel E, Majdalani S, Di – Pietro L. How differential capillary stresses promote particle mobilization in macroporous soils: a novel conceptual model [J]. Vadose Zone Journal, 2010, 9 (2): 307 – 316.

[173] Muller M M L, Tormena C A, Genu A M, et al. Structural quality of a no – tillage red latosol 50 months after gypsum aplication [J]. Revista Brasileira De Ciencia Do Solo, 2012, 36 (3): 1005 – 1013.

[174] Gantzer C J, Anderson S H. Computed tomographic measurement of macroporosity in chisel – disk and no – tillage seedbeds [J]. Soil and Tillage Research, 2002, 64 (1 – 2): 101 – 111.

[175] Wild M R, Koppi A J, McKenzie D C, et al. The effect of tillage and gypsum application on the macropore structure of an australian vertisol used for irrigated cotton [J]. Soil and Tillage Research, 1992, 22 (1 – 2): 55 – 71.

[176] Costantini E A C, Pellegrini S, Vignozzi N, et al. Micromorphological characterization and monitoring of internal drainage in soils of vineyards and olive groves in central Italy [J]. Geoderma, 2006, 131 (3 – 4): 388 – 403.

[177] Pires L F, Cooper M, Cassaro F A M, et al. Micromorphological analysis to characterize structure modifications of soil samples submitted to wetting and drying cycles [J]. Catena, 2008, 72

（2）：297－304.

[178] Rasa K，Eickhorst T，Tippkotter R，et al. Structure and pore system in differently managed clayey surface soil as described by micromorphology and image analysis [J]. Geoderma，2012，173：10－18.

[179] De Gryze S，Jassogne L，Six J，et al. Pore structure changes during decomposition of fresh residue：X－ray tomography analyses [J]. Geoderma，2006，134 （1－2）：82－96.

[180] Velde B. Structure of surface cracks in soil and muds [J]. Geoderma，1999，93 （1－2）：101－124.

[181] Rachman A，Anderson S H，Gantzer C J. Computed－tomographic measurement of soil macroporosity parameters as affected by stiff－stemmed grass hedges [J]. Soil Science Society of America Journal，2005，69 （5）：1609－1616.

[182] Huang G H，Zhang R D. Evaluation of soil water retention curve with the pore－solid fractal model [J]. Geoderma，2005，127 （1－2）：52－61.

[183] 周虎，彭新华，张中彬，等. 基于同步辐射微 CT 研究不同利用年限水稻土团聚体微结构特征 [J]. 农业工程学报，2011，27 （12）：343－347.

[184] 程亚南，刘建立，吕菲，等. 基于 CT 图像的土壤孔隙结构三维重建及水力学性质预测 [J]. 农业工程学报，2012，28 （22）：115－122.

[185] Shainberg I，Letey J. Response of soils to sodic and saline conditions [J]. Hilgardia，1984，52 （2）：1－57.

[186] Moran C J，Pierret A，Stevenson A W. X－ray absorption and phase contrast imaging to study the interplay between plant roots and soil structure [J]. Plant and Soil，2000，223 （1－2）：99－115.

[187] 曹志洪. 解译土壤质量演变规律，确保土壤资源持续利用 [J]. 世界科技研究与发展，2001，（3）：28－32.

[188] 赵其国，孙波，张桃林. 土壤质量与持续环境 I. 土壤质量的定义及评价方法 [J]. 土壤，1997，29 （3）：113－120.

[189] 刘世梁，傅伯杰，吕一河，等. 坡面土地利用方式与景观位置对土壤质量的影响 [J]. 生态学报，2003，23 （03）：414－420.

[190] 吴玉红，田霄鸿，同延安，等. 基于主成分分析的土壤肥力综合指数评价 [J]. 生态学杂志，2010，25 （1）：173－180.

[191] 赵国杰，牛世全，达文燕，等. 四株无机解磷菌处理碱化土壤的理化性质及质量评价 [J]. 土壤通报，2014，45 （4）：996－1002.

[192] 刘敬美，李新平，李文斌，等. 陕西省渭南市卤阳湖盐碱地土壤肥力综合评价 [J]. 水土保持通报，2014，34 （5）：254－257，262.

[193] 陈吉，赵炳梓，张佳宝，等. 主成分分析方法在长期施肥土壤质量评价中的应用 [J]. 土壤，2010，42 （3）：415－420.

[194] 孙波，赵其国，张桃林，等. 土壤质量与持续环境——III. 土壤质量评价的生物学指标 [J]. 土壤，1997，29 （5）：225－234.

[195] Anderson S H，Peyton R L，Gantzer C J. Evaluation of constructed and natural soil macropores using x－ray computed－tomography [J]. Geoderma，1990，46 （1－3）：13－29.

[196] Vaz C M P，de Maria I C，Lasso P O，et al. Evaluation of an advanced benchtop micro－computed tomography system for quantifying porosities and pore－size distributions of two brazilian oxisols [J]. Soil Science Society of America Journal，2011，75 （3）：832－841.

[197] Pires L F，Bacchi O O S，Reichardt K. Damage to soil physical properties caused by soil sampler devices as assessed by gamma ray computed tomography [J]. Australian Journal of Soil Research，

2004, 42 (7): 857 – 863.

[198] Rab M A, Haling R E, Aarons S R, et al. Evaluation of X – ray computed tomography for quantifying macroporosity of loamy pasture soils [J]. Geoderma, 2014, 213: 460 – 470.

[199] Mangalassery S, Sjogersten S, Sparkes D L, et al. The effect of soil aggregate size on pore structure and its consequence on emission of greenhouse gases [J]. Soil and Tillage Research, 2013, 132: 39 – 46.

[200] Katuwal S, Norgaard T, Moldrup P, et al. Linking air and water transport in intact soils to macropore characteristics inferred from X – ray computed tomography [J]. Geoderma, 2015, 237: 9 – 20.

[201] Yu H, Yang P, Lin H, et al. Effects of Sodic Soil Reclamation using Flue Gas Desulphurization Gypsum on Soil Pore Characteristics, Bulk Density, and Saturated Hydraulic Conductivity [J]. Soil Science Society of America Journal, 2014, 78 (4): 1201 – 1213.

[202] Ghezzehei T A, Or D. Dynamics of soil aggregate coalescence governed by capillary and rheological processes [J]. Water Resources Research, 2000, 36 (2): 367 – 379.

[203] Zhang Z B, Zhou H, Zhao Q G, et al. Characteristics of cracks in two paddy soils and their impacts on preferential flow [J]. Geoderma, 2014, 228: 114 – 121.

[204] 彭新华, 张中彬. 土壤裂隙及其优先流研究进展 [J]. 土壤学报, 2015, 52 (3): 477 – 488.

[205] Zhou H, Peng X H, Perfect E, et al. Effects of organic and inorganic fertilization on soil aggregation in an Ultisol as characterized by synchrotron based X – ray micro – computed tomography [J]. Geoderma, 2013, 195: 23 – 30.

[206] Hussein J, Adey M A. Changes in microstructure, voids and b – fabric of surface samples of a Vertisol caused by wet/dry cycles [J]. Geoderma, 1998, 85 (1): 63 – 82.

[207] Smucker A J M, Park E – J, Dorner J, et al. Soil micropore development and contributions to soluble carbon transport within macroaggregates [J]. Vadose Zone Journal, 2007, 6 (2):282 – 290.

[208] Rodríguez – lado, L. & Lado, M. Relation between soil forming factors and scaling properties of particle size distributions derived from multifractal analysis in topsoils from Galicia (NW Spain) [J]. Geoderma, 2017. 287, 147 – 156

[209] Wang W, Kravchenko AN, Smucker AJM, Rivers ML. Comparison of image segmentation methods in simulated 2D and 3D microtomographic images of soil aggregates [J]. Geoderma, 2011, 162: 231 – 241.

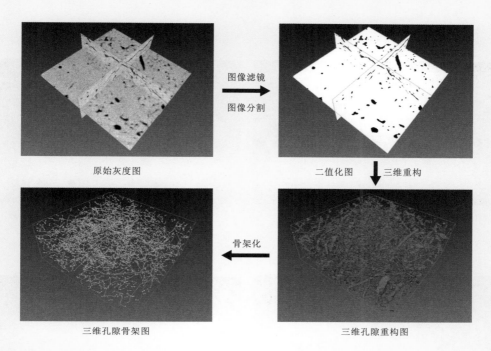

图 2.4　土壤三维孔隙重构主要流程

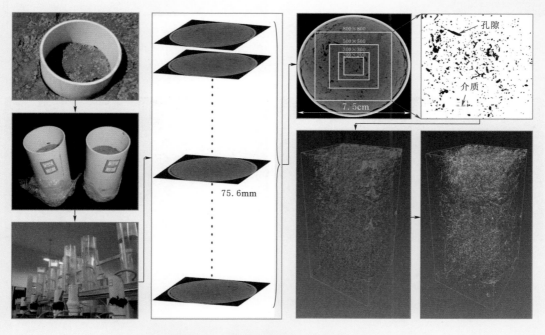

图 2.5　土柱处理及三维孔隙重建过程

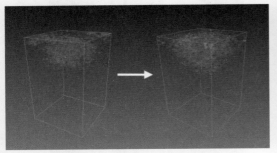

LS1改良前　　　　　　　　　LS1改良后

（a）LS1

WY1改良前　　　　　　　　　WY1改良后

（b）WY1

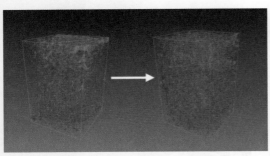

BNB1改良前　　　　　　　　BNB1改良后

（c）BNB1

LS2改良前　　　　　　　　　LS2改良后

（d）LS2

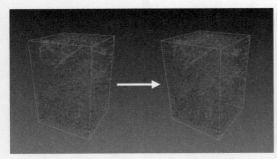

WY2改良前　　　　　　　　　WY2改良后

（e）WY2

BNB2改良前　　　　　　　　BNB2改良后

（f）BNB2

图 9.3　不同质地碱化土壤原状土柱改良前后土壤三维孔隙重构

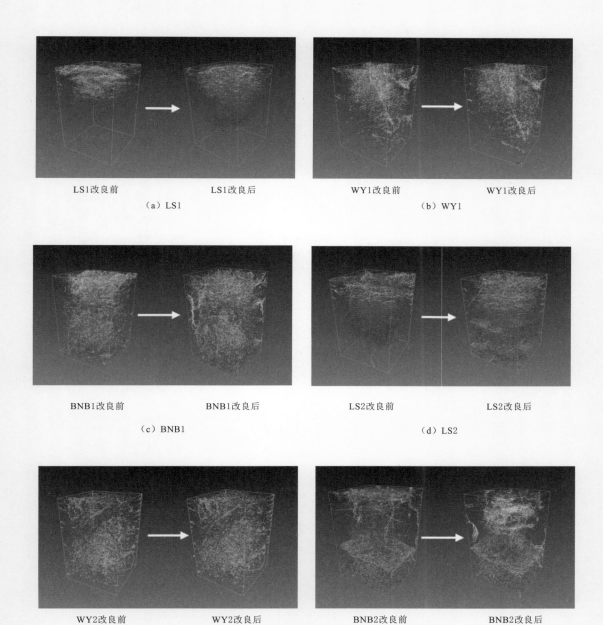

LS1改良前   LS1改良后
（a）LS1

WY1改良前   WY1改良后
（b）WY1

BNB1改良前   BNB1改良后
（c）BNB1

LS2改良前   LS2改良后
（d）LS2

WY2改良前   WY2改良后
（e）WY2

BNB2改良前   BNB2改良后
（f）BNB2

图 9.4　不同质地碱化土壤原状土柱改良前后土壤三维孔隙骨架重构

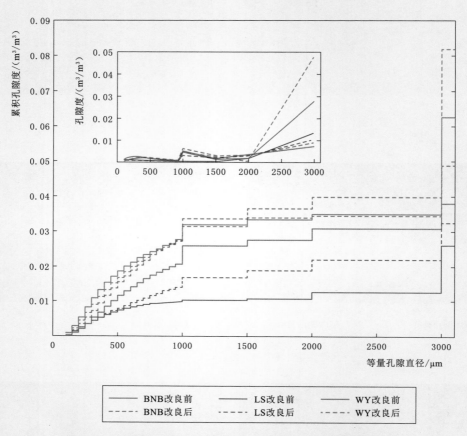

图 9.5　不同质地碱化土壤原状土柱改良前后土壤孔隙孔径分布